KB267316

세이브 지구를
살리는 매뉴얼

나는 유머다

2011년 9월 10일 초판 1쇄 발행

엮은이 한국유머연구회
펴낸이 김숭빈
펴낸곳 도서출판 다문
펴낸곳 서울특별시 성북구 보문동 7가 80-1호
등록 1989년 5월 10일   **등록번호** 제6-85호
전화 02-924-1140, 1145   **팩스** 02-924-1147

책값은 표지의 뒷면에 있습니다.

ISBN 978-89-7146-039-9 13580

유머있는 당신이 성공한다!

한국유머연구회 엮음

웃음의
기능과 효과에 대해서

웃음이란 인간만이 가지고 있는 특권이다. 웃음은 몸에 좋다. 만병의 근원인 스트레스를 해소하는 만병통치약이다.

한번 웃을 때마다 231개의 근육이 운동을 하게 되고 얼굴의 근육만도 15개가 운동을 하게 된다.

이렇게 웃음을 1분 여 동안 웃으면 10분간 조깅을 한 것과 같다. 계속 웃음을 지으면 면역에 관여하는 임파구들(T세포, B세포)을 자극하는 인터페론감마가 체내에서 200배나 증가해 면역력을 높여준다.

우리 몸의 호흡기와 소화기에 있는 면역 글로불린A도 증가
해서 호흡기와 소화기 질환을 예방해 주는 효과도 있다. 그
뿐만 아니라 모르핀보다 200배나 효과가 강하다는 엔돌핀
(생체엔돌핀)도 증가해 통증과 근심 걱정도 감소시키고 기분
을 좋게 만들어 준다.

웃음은 심장의 힘도 좋게 한다.
플라스미노겐 (plasminoren)을 증가시켜 혈전 생성도 막아
준다. 최근 미국에서 많이 웃는 사람들에게 심장병 발병이
적다는 연구결과가 나왔다.

우리 몸에는 내장을 지배하는 교감신경 부교감신경 등 두
가지 자율신경이 있다. 놀람, 불안, 초조, 짜증 등은 교감신
경을 예민하게 만들어 심장을 상하게 한다. 반면 웃음은 부
교감신경을 자극해 심장을 천천히 뛰게 하며 몸 상태를 편안
하게 해준다.

웃음은 스트레스와 분노, 긴장을 완화해 심장마비와 같은
돌연사도 예방해 준다. 미국 UCLA 대학병원의 프리드 박사
는 하루 45분 웃으면 고혈압이나 스트레스 등 현대적인 질
병치료가 가능하다고 발표했다.

웃음은 순환기를 깨끗하고 소화기관을 자극하며 혈압을 내려준다.

웃음은 암도 물리친다고 한다. 웃음은 병균을 막는 항체인 '인터페론감마' 의 분비를 증가시켜 바이러스에 대한 저항력을 키워주며 세포조직의 증식에 도움을 준다. 이는 사람이 웃을 때 '엔돌핀' 이라는 호르몬이 분비되기 때문이다.

18년간 웃음의 의학적 효과를 연구해 온 미국의 리버트 박사는 웃음을 터뜨리는 사람의 피를 뽑아 분석해 보면 암을 일으키는 종양세포를 공격하는 '킬러세포(Killer cell)' 가 많이 생성돼 있음을 알 수 있다고 밝혔다.

웃음은 '스트레스와 긴장을 풀어준다' , '엔돌핀을 생성하여 통증을 완화시켜 준다' , '혈액순환을 도와준다' 이와 같이 우리에게 큰 활력소가 된다. 정신적인 스트레스를 해소하기 위해서는 우리는 항상 긍정적으로 사고하고, 매사 명랑하고 쾌활하게 대처하는 습관을 길러야 한다. 그러기 위해서는 웃으며 살 수 있는 유머를 생활화해야 하는 것이다

불황 때문에 기업과 가정에서 고민하는 사람이 많아지고 있다. 지금보다 유머능력을 키운다면 자신의 삶을 변화시킬 수

있는 커다란 에너지를 얻을 수 있다.

그 즐거움은 사업가는 생산성 향상을, 직장인에게는 신나고 재미있는 직장을, 스트레스를 가진 사람은 삶의 활력을, 높이는데 큰 도움이 될 것이다.

한국유머연구회

웃기는 유머

어느 나른한 오후.
놀부가 대청마루에 누워 달콤한 낮잠을 즐기고 있었다. 그때
한 스님이 찾아와 간절히 청했다.

"시주 받으러 왔소이다. 시주 조금만 하시오.~"

그러나 놀부는 코웃음을 치며
빨리 눈앞에서 사라지라는 듯 노려보았다.

그러자 스님은 가만히 눈을 감고 불경을 외우기 시작했다.

"가나바라 ~가나바라~ 가나바라~~"

그러자 놀부도 불경 비슷한 것을 외우기 시작했다.

"주나바라~ 주나바라~ 주나바라."

되면 한다!!

어떤 노부부가 이사를 가게 되었는데

새집에 이사 온 할아범이 그래도 새집에 왔으니,

'멋진 가훈이라도 하나 붙여야지' 하면서

벽에다 커다랗게 "하면 된다!" 라고 써 붙였다.

할멈이 그것을 보고는 확~ 잡아떼어 버리고

다시 써서 붙였다.

이렇게~

"되면 한다!"

어느 고해성사

어느 소도시 성당에 근엄한 신부님이 있었다.
그런데 사람들이 이 신부님께 와서 고해성사를 하는 내용이
이러했다.

　"신부님, 오늘 누구와 간통했습니다."
　"신부님...... 오늘은 누구와 불륜을 저질렀습니다."

이것도 하루 이틀이지
고해 성사를 듣는 것에 신부님은 아주 질려 버렸다.

그래서 하루는 예배시간에 사람들에게 광고를 했다.

　"여러분, 이제부터 제게 와서 고해 성사를 할 때는
　'신부님 누구와 간통을 했습니다'　이렇게 이야기 하지 말
고　'신부님 오늘은 누구와 넘어졌습니다'　이렇게 하세요"
했다.
그래서 그 다음부터는 사람들이 고해 성사를 할 때

"신부님 오늘 누구누구와 넘어졌습니다. 흑흑흑..."

이런 식으로 고해성사를 했다.

세월이 흘러 그 신부님이 다른 성당으로 가시고 이 성당에는 다른 신부님이 오시게 되었다.

그런데 그 사람들이 신부님께 와서 고해성사를 하는 것을 들으니 다들 넘어졌다는 소리뿐이었다.

그래서 신부님은 시장님을 찾아갔다.

"시장님 시 전체의 도로공사를 다시 하셔야 하겠습니다. 도로에는 넘어지는 사람들이 너무 많습니다"

시장님은 넘어진다는 의미가 무엇을 뜻하는지 알고 있었기에 혼자서 웃기 시작했다.

시장의 말을 듣고 신부님 하시는 말씀이
"시장님, 웃을 일이 아닙니다. 어제 시장님 부인은 세 번이나 넘어졌습니다"

할머니 ①

할머니가 깜박했던 동창회가 오늘이라 급히 나서서 횡단보도
에 서 있는데

한 학생이 다가와 친절하게 말했다.

"할머니, 제가 안전하게 건널 수 있도록 도와드릴게요."

할머니는 호의를 고맙게 받아들이고는 횡단보도를 건너가려
고 했다.

학생은 깜짝 놀라며 할머니를 말렸다.

"할머니 아직 아닌데요, 아직 빨간 불이거든요."

그러자 할머니는

"아니야, 동창회 늦었어, 지금 건너야해." 라며 막무가내로

건너가려고 했다.

"할머니, 빨간 불일 때 건너면 위험해요!" 라고 말하며 할
머니가 건너지 못하게 잡았다.

그러자 할머니는 학생의 뒤통수를 냅다 치며 말했다.

.

.

.

"이눔아!, 파란 불일 때는 나 혼자서도 충분히 건널 수 있
어!"

할머니 ②

빨간 불일 때 막무가내로 급히 건너가던 할머니가 그만 넘어
지고 말았다.

신호를 기다리던 반대편 청년이 얼른 할머니를 부축해 일으
키면서

"할머니, 다치신 데는 없으세요, 하마터면 큰일 날 뻔 했잖
아요!"

그러자 할머니는 청년을 한참 꼬나보면서

.
.
.

"야! 이놈아! 지금 뭐 다치고, 큰 일이고가 문제냐?
쪽팔려 죽겠는데…"

할머니 ③

늦게 참석한 할머니가 동창들 앞에서

"우리 학교교가 한 번 불러 볼까?"

"여태 교가를 안 잊었단 말이야? 한 번 불러 봐. 난 다 까 먹었어."

의기양양해진 할머니가 교가를 부르기 시작했다.

"동해물과 백두산이 마르고 닳도록~~~~"

그러자 할머니들이 오랜만에 들으니 좋다며 박수를 쳤다.
집에 돌아온 할머니는 동창회에 있던 이야기를 할아버지에게 하며 다시 노래를 부르기 시작했고 한 참 듣고 있던 할아버지가 말했다.
"어어~! 우리학교 교가랑 비슷하네."

할머니 ④

할머니가 오랜만에 또 동창회에 다녀왔다.

그런데 계속 심통이 난 표정이라 할아버지가 물어봤다.

"왜 그려?"

"별일 아니유."

"별일 아니긴……, 뭔 일이 있구먼."

"아니라니까…"

"당신만 밍크코트가 없어?"

"……,"

"당신만 다이아 반지가 없어?"

“·········,”

“그럼 뭐여?” 그러자 할머니가 한숨을 내 쉬며 말했다.

·

·

·

“나만 아직 남편이 살아 있슈~.”

맥주 세 잔

한 남자가 술집에 들어와 맥주를 세 잔 시켰다.
그리고 술잔을 번갈아가며 마시는 것이다.
술집주인이 의아해서 물었다.

"손님, 한 번에 한 잔씩 마시지 않고 왜 번갈아가며 마십니까?"

그러자 남자 왈,
"사실 저희는 삼형제인데 서로 멀리 떨어져 살게 되었답니다. 우리는 서로 헤어지면서 약속했죠.
멀리 떨어져 있어도 함께 마시던 추억을 기억하며 나머지 사람 것도 마시자고.
그래서 두 형님과 마시는 기분으로 이렇게 마신답니다."

주인은 고개를 끄덕였다. 남자는 단골이 되어 그 술집에서 유명한 사람이 되었다.
그러던 어느 날, 여느 때와 마찬가지로 나타난 남자가 술을 두 잔만 시키는 것이다.
순간 가게 안은 고요해지고 사람들의 시선은 남자에게 쏠렸
다. 술을 마시고 있는 그에게 술집주인은 어렵게 입을 열었
다.

"형님 일은 참 안되셨습니다. 어쩌다가…"

그러자 남자는 두 번 째 잔을 홀짝이며 답했다.

"형님들은 괜찮으십니다. 사실 제가 술을 끊었거든요."

복날의 개

무더운 복날, 유명 정치인 다섯 명이 기가 막히게 보신탕을 잘 한다는 집을 찾아갔다.

땀을 뻘뻘 흘리며 도착한 다섯 사람!!

평상에 앉아 땀을 닦으며 신나게 부채질을 하고 있는데 주문 받는 아줌마가 와서 말했다.

.

.

.

　"전부 다 개지유?"

다섯 사람 모두 고개를 끄덕였다.

당신의 헌금은?

어느 날 사이비 목사, 사이비 신부, 사이비승려
세 사람이 모여 이야기 하고 있었다.

먼저 승려가 신부에게 물었다.

"당신은 헌금 들어온 것을 어떻게 쓰시오?"

"나는 땅에다 둥그런 원을 그려놓고 돈을 하늘로 확 뿌려서
원 안에 떨어진 것만 내가 쓰고 그 밖에 떨어진 것은 하나님
의 일을 위하여 씁니다."

이번엔 신부가 승려에게 물었다.

"당신은 헌금을 어떻게 쓰시오?"

"나도 비슷합니다. 땅에다 원을 그려놓고 돈을 하늘로 확
뿌려서 원 안에 떨어진 것은 부처님의 일에 쓰고

밖에 떨어진 것은 내가 다 가집니다."

그러자 이번엔 승려와 신부가 목사에게 물었다.

"당신은 헌금으로 들어온 돈을 어떻게 쓰시오?"

"나도 당신들과 비슷합니다. 나도 돈을 하늘로 확 뿌리면서
'주님! 가지고 싶은 만큼 가지시오' 하고 땅에 떨어진 돈은
내가 다 가집니다."

부전자전

아들이 날마다 학교도 빼먹고 놀러만 다니는 망나니짓을 하자
하루는 아버지가 아들을 불러 놓고 무섭게 꾸짖으며 말했다.

"에이브러햄 링컨이 네 나이였을 때 뭘 했는지 아니?"

아들이 너무도 태연히 대답했다.

"몰라요."

그러자 아버지는 훈계하듯 말했다.

"집에서 쉴 틈 없이 공부하고 연구했단다."

그러자 아들이 댓구 했다.

"아, 그 사람 나도 알아요. 아버지 나이였을 땐 대통령이었
잖아요?"

남녀 신체의 비밀

음식이 입에서 위까지 도달하는데 7초가 걸린다.

사람의 머리카락은 3kg까지 들 수 있다.

남자의 성기는 엄지손가락 길이의 3배다.

넓적다리 대퇴골은 콘크리트만큼 단단하다.

여성의 심장은 남성의 것보다 더 빨리 뛴다.

여성은 남성보다 2배정도 눈을 깜박인다.

우리는 밸런스 맞게 서 있기 위해 300개의 근육을 사용한다.

·

·

여자는 이 글 전체를 읽는다.
남자는 아직 자신의 엄지손가락만 보고 있다.

세상에서 가장 어려운 말

어릴 때 결혼해서 50년을 함께 살아온 노부부가 계셨다. 워낙 할아버지가 무뚝뚝해서 할머니는 평생 사랑한다는 말을 들어보지 못한 것이 한이 되셨다.

그래서 어느 프로그램에 참석해서 서로 사랑한다는 말을 해주는 순서가 있었다.

사랑한다고 말해보라는 사회자의 강권에 한참을 망설이던 할아버지께서 드디어 말씀하셨다.

.
.
.

"지도 알끼다~~"

짭새

진짜 궁금증 많은 아가씨가 있었다.
궁금한 것은 따라가서라도 물어보는 성격인데, 어느 날 친구랑
길을 걷다가 궁금증 많은 아가씨가 갑자기 경찰을 따라갔다.
그러더니 그 아가씨가 경찰에게 질문을 했다.

"아저씨 뭐 좀 물어봐도 돼요?"

사명감에 불타는 우리의 경찰 아저씨가 힘찬 목소리로 대답
했다.

"예, 얼마든지 물어보십시오."

그리고 궁금증 많은 아가씨가 경찰복 가슴 언저리의 새 모양
의 뺏지를 가르키며 말했다.

"아저씨 이 새가 짭새에요?"

사자와 거북이가 달리기 시합

사자 : "야~ 거북아! 너 등에 있는 가방 좀 내려놓고 뛰지
　　　 그래?"

거북이 : "……"

사자 : "야~ 가방 좀 내려놓고 뛰라니깐~~~"

거북이 : "……."

사자 : "야! 이 녀석아~, 가방 좀 내려놓고 뛰라고!!! 신경쓰
　　　 인단 말야!"

거북이 :(참다, 참다 화를 내며…) "니 머리나 묶어! 이것
　　　 아!!!!"

죄수의 소원

어느 겨울날 죄수의 사형집행일이 다가오자
간수가 말했다.

간수 : "내일이 사형일이니 소원 하나를 들어주겠소"

죄수 : "딸기를 주시오."

간수 : "지금은 겨울이라서 딸기가 없는데…."

죄수 : "그렇다면 착한 내가 봄까지 기다려 주겠소"

전철 안에서

한 아가씨가 출근길 전철 안에서 남자들 틈에 끼어 미처 빠져나가지 못하고 내려야 할 역을 놓치고 말았다. 아가씨가 너무 화가 나서 하는 말,

"오늘 샌드위치 먹고 출근했더니 재수 없게 여기서까지 샌드위치 되네."

그때 한 남자가 심술궂게 한마디 던진다.

"요즘엔 샌드위치에 호박도 넣나?"

정신병원

어느 정신병원에 영구라는 환자가 있었다. 하루는 영구가 오리 한 마리를 데리고 공원에 나왔다. 한참을 벤치에 앉아서 오리와 이야기를 나누고 있었는데 다른 환자 한 사람이 와서

"넌, 왜 강아지랑 놀고 있니?"

그러자 영구가 대답했다.

"이게 강아지로 보이니? 오리지, 알지도 못하면서"

그러자 그 환자가 다시 말했다.

"누가 너한테 물었니? 오리한테 물었지."

직업정신

직업이 택배기사인 한 아저씨가 가족들과 함께 처가에 놀러
갔다.

딩동 하고 처갓집 벨을 눌렀다.

장모님 : "누구세요?"

사위 : "네, 택배왔습니다."

진급이 빠른 이유

젊은 신입사원 하나가 혜성같이 등장하더니, 입사 3개월 만에 대리, 6개월 만에 과장, 1년 만에 이사가 됐다.

그는 전 직원의 선망의 대상이 됐다. 회장이 모든 사원이 보는 앞에서 그를 불러 칭찬했다.

"자네는 우리 회사의 기둥일세! 앞으로 더 열심히 일해 주게나!"

그러자 직원은 긴장한 나머지 큰 소리로 대답했다.

"네! 아빠!"

진짜 애처가

아내를 끔찍이도 사랑하는 애처가가 있었다.

애처가는 아내를 너무 사랑한 나머지 하루는 다음과 같이 말했다가 얻어터졌다.

"여보, 당신 살림하기도 힘든데 애기 낳을 사람 하나 따로 얻을까?"

착각

나그네가 산골에서 길을 잃어 외딴집을 찾아 들어갔는데, 아리따운 주인 여자가 혼자 있었다.

겨우 간청해서 잠을 청하는데 절색인 주인 여자가 자꾸 떠올라 잠을 이루지 못하고 있었다.

그런데 얼마 후 주인 여자가 문을 두드리며 말했다.

"저기… 나그네님…. 혼자 주무시기에 쓸쓸하시죠?"

"네, 솔직히 그…그렇습니다."

"그럼 잘됐군요. 길 잃은 노인이 또 한분 왔어요."

첫 날 밤에

신혼 첫날밤에 남편이 신부에게 화가 나 있다.
이유는?

답1: 잠옷에 단추가 너무 많아서

답2: 화장 지운 얼굴이 딴 사람이어서

총을 쏠 기회

강원도 철원에 거주하는 어느 노인이 한국전쟁 당시 자신의
무용담을 손자 손녀들에게 늘어 놓았다.

아이들은 입을 딱 벌린 채 그의 말에 귀를 기울였다.

그런데 갑자기 일곱 살배기 손자가 물었다.

 "할아버지! 할아버지는 왜 적군들에게는 총을 쏠 기회를 전
혀 주지 않는 거예요?"

치성 드리는 여인

어느 선비가 마을을 지나가다 한 여인이 정화수를 떠놓고 치성을 드리는 것을 보았다.

"여보시오. 목이 말라 그러니 그 물을 좀 마시게 해주면 안 되겠소?"

"이것은 물이 아니옵니다."

선비는 의아해하며 되물었다.

"물이 아니면 뭐요?"

"죽이옵니다."

"아니. 죽을 떠놓고 지금 뭐 하는 거요?"

그러자 여인이 하는 말.

"옛말에 죽은 사람 소원도 들어준다고 하지 않았습니까?"

패러디 음료유머

☺ 먹으면 코가 커지는 음료는?
　　→ 코가 클라

☺ 피박에 광박 쓰리고에 멍박까지, 판을 엎고 싶을 때 먹는
　음료는?
　　→ 파토레이

☺ 신용불량자에게 힘내라고 권해주는 음료
　　→ 가프리

☺ 과외 선생님에게 수고하셨다고 부모님이 주는 음료는?
　　→ 레쓴비

☺ 할아버지, 할머니가 좋은 일 있을 때 드시는 음료는?
　　→ 칠순사이다

퍼즐

병태가 하루는 조각들을 맞추는 퍼즐을 하나 사가지고 와서는 꼬박 한 달 동안 씨름을 한 끝에 마침내 퍼즐을 모두 맞췄다.

의기양양해진 병태는 친구에게 자랑했다.

"이것 좀 봐. 완벽하지."

"우와, 대단하다! 이거 맞추는 데 얼마나 걸렸니?"

"한 달."

"한 달이면 빠른 거니?"

"그럼~, 여기 포장에 24~36개월(권장 사용 연령)이라고 써 있잖아."

현실적인 대처방법

갑작스런 정전으로 당황한 영철이가 어떻게 대처해야 할
지 몰라 전력회사로 전화 해 이럴 땐 어떻게 해야 하는지
물었다.

그러자 전력회사 직원이 말했다.

"우선 냉장고에 있는 아이스크림부터 빨리 드세요"

화장실 귀신 이야기 (최신 버전)

화장실에 들어갔더니 몽달귀신이 변기 속에서 고개를 내밀고
물었다.

"빨간 휴지 줄까? 파란 휴지 줄까?"

철수가 대답했다.

"닥쳐 이 멍청아, 이건 비데야."

환자 아니었어?

의대에서 수년의 공부를 마치고
드디어 자기의 병원을 차리게 된 초보의사가 있었다.
드디어 누군가 진료실을 열고 들어왔다.
그는 자신이 초보임을 알리기 싫었다.
그래서 아직 개통도 되지 않은 전화기를 들고 괜히 바쁜 척
했다.

무려 10분씩이나 전문용어를 사용하며 전화하는 척을 한 후,
손님에게 말했다.

"죄송합니다. XX종합병원에서 자문이 들어와서... 어디가 아
파서 오셨죠?"

그러자 손님이 말했다.

"전화 개통하러온 전화국 직원인데요."

흉기

한 청년이 술을 마시다가 건달의 어깨를 건드려 난투극이 벌
어졌다. 건달은 패거리를 불러 왔고, 머리 끝까지 화가 난 청
년은 포장마차로 뛰어들어 손에 잡히는 시커먼 흉기를 휘두
르며 힘껏 소리내어 악을 쓰며 말하길,

"너희들, 오늘 제삿날이야!"

겁이 난 건달들은 하나둘 도망갔다. 의기양양해서 집으로 가
려는 청년에게 포장마차 주인아주머니가 애원하며 말했다.

"총각! 김밥은 놓고 가야지."

흰머리

초등학교에 다니는 아이가 엄마에게 물었다.

"엄마. 왜 엄마 머리에 흰머리가 있어?"

"그건 말이야 네가 뭔가를 잘못해서 엄마가 속이 상하거나 또는 슬퍼지게 되면 머리카락이 하나씩 하나씩 흰색으로 변하는 거란다."

그러자 아이는 한참 생각하더니 슬픈 목소리로 말했다.

"엄마, 우리 외할머니가 너무 불쌍해."

말이 제일 싫어하는 5넘 유머

5) 말꼬리 잡는 넘

4) 말허리 자르는 넘

3) 말머리 이리저리 돌리는 넘

2) 말더듬는 넘

1) 말더듬다가 바꿔 타는 넘.

좁은 세상! (마누라와 애인)

두 남자가 골프를 치고 있는데 바로 앞에서 두 여자도 골프를 치고 있었다.

그녀들은 공 한번 치는데 5분, 숲으로 날아간 공을 찾는데 10분, 그린에 올라가서도 몇 십분……

한 남자가 말했다

"흠! 내가 가서 우리가 먼저 지나가도 되겠냐고 물어보고 올께."

그는 그린 쪽으로 뛰어갔다.

그런데 그린을 20미터쯤 남기더니 급히 돌아와서는…

"젠장! 말 못하겠어~ 한 여자는 마누라고 나머지는 애인이야."

그러자 친구가 나서며,

"그래? 그럼 내가 가서 말하고 오지."

쫓아갔던 그도 그냥 헐레벌떡 돌아왔다.

"세상 참 좁구려~ 글쎄 자네가 잘 보았어.
한 여자는 내 마누라고, 한 여자는 내 애인이야!"

좋은 소식 vs 나쁜 소식vs 환장할 소식

☺ 좋은 소식 : 남편이 진급했다네

☺ 나쁜 소식 : 그런데 비서가 엄청 예쁘다네

☺ 환장할 소식 : 외국으로 둘이 출장가야 한다네.

☺ 좋은 소식 : 아이가 상을 타왔네.

☺ 나쁜 소식 : 옆집 애도 타왔네.

☺ 환장할 소식 : 아이들 기 살린다고 전교생 다 주었다네.

☺ 좋은 소식 : 쓰레기를 종량제 봉투에 담지 않고 슬쩍 버
렸네.

☺ 나쁜 소식 : 그 장면이 CCTV에 잡혔네.

☺ 환장할 소식 : 양심을 버린 사람 편으로 9시 뉴스에 나
온다네.

☺ 좋은 소식 : 살다 첨으로 남편이 꽃을 가져왔네.

☺ 나쁜 소식 : 그런데 하얀 국화꽃만 있네.

☺ 환장할 소식 : 장례식장 갔다가 아까워서 가져온 거라네.

☺ **좋은 소식 :** 아내가 싼 가격에 성형수술을 했다네.

☺ **나쁜 소식 :** 수술이 시원찮아 다시 해야 한다네.

☺ **환장할 소식 :** 뉴스에서 돌팔이라고 잡혀가네.

하나님도 웃어버린
아이들의 깜찍한 기도

하나님,
내가 무얼 원하는지
다 아시는데
왜 기도를 해야 하나요?
그래도 하나님이
좋아하신다면 기도할게요.　　　　　　　　　　－ 수

하나님,
제 이름은 로버트예요.
남동생이 갖고 싶어요.
엄마는 아빠에게 부탁하래고,
아빠는 하나님한테 부탁하래요.
하나님은 하실 수 있죠?
하나님, 파이팅!　　　　　　　　　　－ 로버트

하나님,
돈이 많으신 분이세요?

아니면 그냥 유명하기만 하신 건가요?   - 스티븐

사랑하는 하나님,
오른쪽 뺨을 맞으면
왼쪽 뺨을 대라는 건 알겠어요.
그런데 하나님은
여동생이 눈을 찌르면
어떻게 하시겠어요?   - 데레사

하나님,
지난번에 쓴 편지 기억하세요?
제가 약속한 것은 다 지켰거든요.
그런데 왜 하나님은 아직도
준다던 조랑말을
안 보내시는 거예요?   - 루이스

하나님,
우리 옆집 사람들은
매일 소리를 지르며 싸움만 해요.
아주 사이가 좋은 친구끼리만
결혼하게 해주세요.   - 난
하나님,

레모네이드를 팔고 26센트를 벌었어요.
이번 일요일에 쬐끔 드릴게요.   – 크리스

하나님,
제 친구 아더가 그러는데요,
하나님이
이 세상에 있는 꽃을 다 만들었대요.
꼭 거짓말 같아요.   – 벤자민

눈이 너무 많이 와서
학교에 못 갔던 날 있잖아요.
기억하세요?
한 번만 더 그랬으면 좋겠어요.   – 가이

하나님,
하나님은
천사들에게 일을 전부 시키시나요?
우리 엄마는
우리들이 엄마의 천사래요.
그래서 우리들한테
심부름을 다 시키나봐요.   – 마리아

하나님,
지난 주 뉴욕에 갔을 때,
성 패트릭 성당을 보았어요.
하나님은 아주 으리으리한
집에서 사시던데요.   — 프랭크

하나님,
착한 사람은 빨리 죽는다면서요?
엄마가 말하는 걸 들었어요.
저는요,
항상 착하지는 않아요.   — 미셸

하나님
휴가 때에 계속 비가 와서
우리 아빤
무척 기분이 나쁘셨어요!
하나님한테
우리 아빠가 안 좋은 말을 하긴 했지만요,
제가 대신 잘못을 빌테니
용서해 주세요.   — 하나님의 친구

책에서 보니까요,
토마스 에디슨이 전깃불을 만들었대요.
하나님이 만들었다고 알고 있었는데요.   — 도나

나는 조지 워싱턴처럼
절대 거짓말을 하지
않으려고 결심했는데,
가끔씩 까먹어요.   — 랄프

하나님,
남동생이 태어나게
해주셔서 감사합니다.
그런데 제가 정말
갖고 싶다고
기도한 건 강아지예요.   — 죠이스

하나님,
사람을 죽게 하고
또 사람을 만드는 대신,
지금 있는 사람을
그대로 놔두는 건
어떻겠어요?   — 제인

베니스의 상인

육사 동기생 전두*, 노태*, 김복동 등 관생도가 학기말 시험
을 치고 있었다.
서양사 시험에 셰익스피어의 작품 하나를 쓰라는 문제가 나
왔는데,

셋 중 가장 머리가 좋은 김복동은 '베니스의 상인' 이라고
정답을 썼다.

바로 뒤에 앉았던 노태*는 김의 답안을 훔쳐보고
 '컨닝' 을 한다고 하는게, '페니스의 상인' 이라고 잘못
베껴 썼다.

그 뒤에 앉아 있던 자존심 강한 전두*은 노태* 답안을 그대
로 베끼지 않고

순수한 우리말(?)로 고쳐 '고추장사' 라고 써냈다.

정말 무서운 이야기

자정 가까이 자율학습과 개인학습을 끝낸 영구가
학교 정문을 막 나서는데 으스스한 분위기의 할머니 한분이
보자기를 펼쳐놓고 연습장처럼 보이는 것을 어두운 구석에서
팔고 있었다.

영구는 갑자기 연습장이 필요하다는 사실이 생각나서 다가가
여쭈었다.

 "할머니! 이 연습장 얼마예요?"

 "3,000원이야~"

 "네에! 한 권 주세요."

할머니는 연습장을 건네주며 갑자기 영구의 팔을 붙잡고서는

 "학생, 절대 연습장 제일 뒷장은 펴보지마. 특히, 밤에 혼자

있을 때~~" 라며 무서운 표정으로 노려보며 말했다.

갑자기 오싹해진 영구는 값을 치르고서는 총알같이 집으로
달려왔다.

새벽 1시.

궁금함을 참지 못한 영구는 연습장 제일 뒷장을 보고야 말았
는데

그만 기절해 버렸다.

거기엔 다음과 같이 씌어져 있었다.

.

.

.

정가 1,000원.

사오정의 사행시

선생님이 아이들에게 "엄마, 아빠" 란 단어로 4행시를 짓게
하였다.

사오정의 답안 :

엄 : 엄마는
마 : 마덜
아 : 아빠는
빠 : 빠덜~ ㅎㅎ

장희빈과 숙종

옛날에 장희빈이 인현왕후를 시해하려다 발각되어
숙종에게 사약을 받게 되었다.
장희빈은 억울하게 생각하고는 사약 그릇을 들고
숙종에게 달려가서 외쳤다.

장희빈 : "이것이 진정 마마의 마음이시옵니까~~"

이 말을 들은 숙종은 두 눈을 지긋이 감고 한참을 생각하더
니 이렇게 말했다.

숙종 : "내 마음은 그 사약그릇 밑에 적어 놓았으니라~."

한 가닥의 희망을 품은 장희빈은 얼른 그릇 밑을 보았다.

하지만,

그 글자를 본 장희빈은 사약을 마시기도 전에

입에 거품을 물고 죽고 말았다.
사약 그릇 밑에는 이렇게 적혀 있었다.

·

·

·

"원샷~!!!"

노인과 보청기

노인 두 명이 의자에 앉아서 이야기를 하고 있었다.
한 노인이 먼저 입을 열었다.

"이봐, 나 보청기 새로 샀어. 엄청 비싼거야."

다른 노인이 부러워하며 물었다.

"그래, 얼만데?" 노인은 손목시계를 보더니 대답했다.

"12시"

할머니와 운전기사

시내버스의 벨이 고장났다.

한 할머니가 조용히 운전수에게 가서 딱 한마디 했다.

뭐라고 했을까?

.

.

.

　"삑~~~~~~~~~"

흐흐

사오정과 아들

초등학교 5학년인 사오정의 아들이 아주 신이 나서 집으로
달려 들어와서는 아버지에게 자랑했다.

"아빠! 아빠!! 학교 마치고 집으로 오면서 버스를 따라서
뛰었어요. 그래서 버스요금 500원 벌었어요."

그러자, 사오정은 아들을 질책하며 말했다.

"어휴~ 이녀석아!, 택시를 따라 뛰었으면 5,000원은 벌었
을거 아니냐!"

사하라

끝없이 사막이 이어지는 사하라에서 한 남자가 길을 잃었다.

"헥!! 헥!!"

극한의 고통을 견뎌내며 걷다가
겨우 지나가는 한 유목민을 만났다.

"정말~ 반갑습니다. 여기서 오아시스까지는 얼마나 걸리나
요?"

그러자, 유목민이 대답했다.

"곧장 가시오. 그러다 다음 주 금요일쯤에 오른쪽으로 꺽으
세요."

과자이름 작명법

어느 강의시간,
교수님께서 열심히 과자류에 관련해 마케팅 강의를 하고 계셨다.

교수님 : "물론 영양성분도 중요하겠지만, 과자 이름을 지을 때는 조심해야 합니다. 통상적으로 과자 이름에 '똥' 이라는 글자가 들어가면 시장 평균 대비 판매가 상당히 감소한다고 합니다. 그래서 '똥' 자가 들어가는 이름은 거의 발견하기가 힘들죠."

그러자 사오정이 손을 번쩍 들었다.

"그런데 교수님~~~, '똥' 자가 들어가도 잘 팔리는 제품이 있는데요~~"

교수님 : (당황하며) "뭐~ 뭔가, 그게?"
사오정 : "마, 똥, 산 !! 입니다.~~"

쓸개 빠진 곰

어느 날,
숲속에 사냥꾼이 들이닥쳐 곰이란 곰은 죄다 잡아갔다.
딱 한마리만 남겨두고서....

넓고 넓은 숲속에서 자기 혼자 남게 된 곰은 왜 사냥꾼들이
자기만 안 잡아 갔는지 여간 궁금한게 아니었다.

그래서, 숲속에서 가장 영리하다고 소문난 여우에게 찾아가
물어보았다.

"여우야~, 난 왜 안 잡아갔지?"

그러자 여우가 혀를 차면서 말했다.

.

.

"에구~~, 이 쓸개 빠진 녀석아~~, 그것도 모르냐?"

밥

철수는 신혼 초부터 아내의 밥 짓는 모습이 예뻤다.
물론, 솔로일 때보다 식사 때가 편해진 것이 사실이다.

하지만, 세월이 지날수록 아내는 이런저런 바쁜 일로
식사를 제때 챙겨주지 않는 날이 많아졌다.

어느 날,
퇴근 후가 되었는데도 식사가 제대로 챙겨지지 않아 철수는
버럭 소리쳤다.

　"오늘 저녁 밥 해주지 않으면 호텔 한정식가서 혼자 사먹을
테니 알아서 하시요."

그러자 아내가 대답했다.

　"여봉~~, 5분만 기다리세용~~"
그러자 기분이 누그러진 철수가 다시 물었다.

“그래~, 5분이면 된다 이거지?”

그러자 아내가 말했다.

“아뇨~, 5분이면 저도 옷 갈아입을 수 있어요. 우리 같이 가서 먹어요옹~~. ㅋㅋ”

삼고초려의 유래

삼국시대...
삼국통일의 원대한 꿈을 안고
유비는 제갈공명을 영입하려 애썼다.

그러나, 아무리 관우, 장비를 보내어도 꿈쩍 않는 제갈공명에
게 유비는 사슴을 한 마리 사냥해서 그에게 들고 갔다.

사슴고기를 본 공명은 군침을 흘리며 관심을 보이기 시작했다.

이때다 싶은 유비가 공명에게 질문했다.

  "자자~~ 제갈공명님, 이 사슴을 어떻게 요리해 드릴까
요?"
그러자, 몹시 배가 고픈 제갈공명은 소리쳤다.
                            .
                            .
                            .

  "삶고 조려~~~~~~~~~~~~~~~!!!"

국수와 국시

두 사람이 말다툼을 하고 있었다. 한 사람은 경상도 사람이
었다.
말싸움의 동기는 지극히 간단한 것이었다.
배가 고프니 점심을 먹으러 가자고 한 사람이 제안한 것이
발단이 되었다.
'국시' 라는 경상도 사람의 말에 '국수' 라고 다른 사람이
이의를 걸었기 때문이다.
서로의 주장이 강해 결말이 나지가 않았다.
그래서, 두 사람은 그들이 존경하는 학교 선생님을 찾아가
물었다.
그 선생님은 두 사람의 이야기를 다 듣고 난 뒤에 말했다.

'국수' 와 '국시' 는 재료가 다르니까 두 사람이 서로 다른
음식을 이야기 하고 있는 것이다.
그러므로 두 사람 말이 "다 맞다." 라고 대답했다.
두 사람은 "그렇지 않다." 라고 의의를 걸면서
그러면 재료가 어떻게 다르냐고 따져 물었다.

그 선생님은 "어험" 하고 한번 헛기침을 한 후 점잖게 말했다.
" '국수' 는 '밀가루' 로 만들고..... '국시' 는 밀가리' 로
만들지."
두 사람은 고개를 갸우뚱 거리며 되물었다.
그러면, " '밀가루' 와 '밀가리' 는 어떻게 다르지요?"
다시한번 헛기침을 하며 선생님은 말했다..
" '밀가루' 는 '봉투' 에 들어있는 것이고, '밀가리' 는
'봉다리' 에 들어있는 것이다.
그러니까 전혀 다르지......" 두 사람은 다시 되물었다.
그러면, " '봉투' 와 '봉다리' 는 어떻게 다르지요??"
선생님은 다시한번 크게 헛기침을 하고 난 뒤에 더욱 위엄
있게 대답했다.
" '봉투' 는 기계로 찍어 만든 것이고. '봉다리' 는 손으로
붙여서 만든 것이니까 다르지."
그제서야 두 사람은 알겠다는 듯 뒷머리를 거적이며 넙죽이
절을 하고 물러 나왔다.

결국 두 사람은 같은 음식을 두고 한사람은 '국수' 를 먹고
다른 한사람은 '국시' 를 먹었습니다. 물론 두 사람이 먹은
음식은 맛도 다를 것입니다.

택시기사와 할아버지

어느 시골 할아버지가 서울로 상경하여 택시를 탔다.

목적지에 도착하자, 요금이 만원이 나왔다.

그런데, 할아버지는 택시요금을 7600원만 주는 것이 아닌가.

택시 기사가 황급히 말했다.

  "할아버지 요금은 만원입니다."

그러자 할아버지가 가까이 다가와 '씨익~' 웃으며 말했다.

  "이놈아~!! 2400원부터 시작한거 다 봤다 이눔아"

두 배

신문을 보던 남편이 투덜거렸다.

"이놈의 주식, 또 떨어졌잖아~?!! 괜히 투자를 해가지
고……"

그러자 옆에 있던 부인도 투덜거렸다.

"나도 속상해요~!! 다이어트를 했지만 효과가 없으니……"

신문을 덮은 남편이 아내의 불은 몸을 쳐다보며 힘없는 목소
리로 말했다.

"내가 투자한 것 중에서 두 배로 불어난 건 당신 밖에 없
어~!"

남자를 먼저 만든 이유

목사님이 성경을 읽다가 남자를 먼저 만든 이유가 궁금했다.
그래서 하나님께 그 이유를 물었지요.

"하나님!, 하나님께서는 왜 여자를 먼저 만들지 않고 남자
를 먼저 만드셨나요?"

그러자 하나님께서 하시는 말씀……

"만약 여자를 먼저 만들었다고 생각해봐라. 남자를 만들 때
얼마나 간섭이 심하겠느냐! 여기를 크게 해 달라, 저기를 길
게 해 달라 참견과 잔소리가 심할 텐데 그걸 어찌 내가 다
감당할 수 있었겠니?"

하느님의 현명함

하느님과 아담이 에덴동산을 거닐며 대화를 나누었다.
아담이 하느님께 물었다.

"하느님, 이브는 정말 예뻐요. 왜 그렇게 예쁘게 만드셨어요?"

"그래야 네가 늘 그 애만 바라보지 않겠니?"

아담이 다시 하느님께 물었다.

"그런데 이브는 좀 멍청한 것 같아요. 왜 그렇게 만드셨어요?"

"바보야, 그래야 그 애가 널 좋아할 거 아니냐?"

여자는 어떤 운동선수를
제일 좋아 할까요?

☺ 야한 여자가 싫어하는 운동선수

1. 100m 달리기 선수

: 10초도 안돼서 끝난다. – 허무하다.

2. 축구 선수

: 90분 동안 문전만 맴돌다 겨우 한두번 들어온다.

– 지루하다.

3. 골프 선수

: 겨우 18번 들어오면서 초보는 100번 넘게, 프로도 70번 가까이 허우적거리며 왔다 갔다 한다.

– 감질난다.

4. 레슬링 그레코로만형

: 상체만 더듬고 허리 아래는 신경도 안 쓴다.

– 짜증난다.

5. 야구 선수

: 나무나 알루미늄 방망이를 사용한다.

– 비겁하다.

6. 유도 선수

 : 보기만 하면 자빠뜨리고, 누르기 들어온다.

 – 너무 피곤하다.

☺ 야한 여자가 좋아하는 운동선수

1. 마라톤 선수

 : 한 번 시작하면 2시간 이상은 보장 한다.

 – 감동적이다.

2. 당구 선수

 : 넣는 데는 귀신이다. – 놀랍다.

3. 체조 선수

 : 허리가 유연하고 자세가 다양하다. – 항상 새롭다.

4. 농구 선수

 : 덩크 슛할 때는 온몸이 떨린다. – 짜릿하다.

5. 양궁·사격 선수

 : 내가 원하는 장소를 정확히 맞춘다.

 – 믿음직하다.

6. 권투 선수

 : 길게, 짧게, 위로, 아래로, 결국은 다운까지 시킨다.

 – 무아지경이다.

애고 자존심이야!

한 아내가 남편의 마음을 떠보려고
가발과 진한 화장, 처음 보는 옷 등을 차려 입고
남편의 회사 앞으로 찾아갔다.

드디어~ !

남편이 있는 폼 없는 폼을 재며 걸어 나오는데
아내는 그윽하고 섹시한 목소리로 남편에게 다가가

"저기용~ 아자씨이~잉! 아자씨가 넘 멋져서 계속 따라 왔
걸랑요. 저와 오늘 밤 어때요? 첫눈에 당신을 사랑하게 된
것 같다구용~"

갖은 애교와 사랑스런 말로 유혹을 하자
남편이 냉랭하게 하는 말은....
"됐소! 댁은 내 마누라랑 너무 닮아서 재수없어!!"

산토끼의 반대말은?

☆ IQ 30이 생각하는 산토끼의 반대말은? 끼토산

☆ IQ 60이 생각하는 산토끼의 반대말은? 집토끼

☆ IQ 80이 생각하는 산토끼의 반대말은? 죽은토끼

☆ IQ 100이 생각하는 산토끼의 반대말은? 바다토끼

☆ IQ 150이 생각하는 산토끼의 반대말은? 판토끼

☆ IQ 200이 생각하는 산토끼의 반대말은? 알칼리토끼

...

한국이란 나라가 밥을 먹어야만 했습니다.
6.25로 인하여 배를 주려야 했거든요

이*만 – 미국에게 잘 보여서 밥을 지을 쇠를 구해왔습니다.

박*희 – 쇠를 달궈서 100년을 먹을 무쇠 밥솥을 만들었습
니다. 물론 쌀도 많이 재배를 했습니다.

최*하 – 박*희가 만든 솥에 불을 지피려다가 전*환에게 한
대 맞고 쫓겨났습니다.

전*환 – 박*희가 만든 솥에다 밥을 한 가득해서 배부르게
밥을 먹었습니다.

노*우 – 전*환이 먹고 난 솥을 보니 밥 조금하고 누룽지가
있어서 박박 긁어 먹었습니다.

김*삼 – 솥바닥이 누룽지인줄알고 박박 긁다가 솥에 구멍을
낸습니다.

김*중 – 구멍 난 솥을 버리고 열심히 일해서 전자밥통을 하
나 마련했습니다.

노*현 – 김*중이 사온 밥통에 밥을 지어먹으려다가 120볼
트인데 220볼트에 꽂아서 밥통의 안전기를 태우고
하는말 "코드가 안 맞네요"

이*박 – 고장 난 밥통을 장작더미에 올리고 밥을 하겠다고
.......................~!

충청도 사람들의 개고기 권유

충청도에서 "개고기를 먹을 줄 아세요?" 라는 말을
뭐라 하는 줄 아세요?

정답 : "개 혀?"

충청도에서 "개고기를 조금 먹을 수 있다." 란 대답을
뭐라 하는 줄 아세요?

정답 : "좀 혀?"

얘만 없으면 돼

장관은 국회의원만 없으면 살 것 같고

국회의원은 선거만 없으면 살 것 같다.

버스 개그

경상도 할머니가 외국인에게 버스를 보며

할머니 : "왔데이(What day)"

외국인 : "먼데이(Monday)"

할머니 : "버스데이(birthday)"

외국인 : "해피 버스데이(Happy birthday)"

할머니 : "시내버스데이"

충청도 사람들의 말 줄임법

충청도 사람들이 말이 느리다고 하는데

춤을 추자고 할 때 짧게 말하는 방법 이 무엇인지 아세요?

정답 : "출껴?"

기울어진 지구본에 대한 관련자 입장

한 장학관이 어느 학교를 방문해 "지구본이 왜 기울어졌느냐" 고 물었다.

학생 : "제가 안 그랬어요"

선생님 : "살 때부터 그랬어요"

교장 선생님 : "국산이 원래 그렇잖아요?"

기울어진 지구본에 대한 관련자 입장

대구 사람들의 말 줄임법

"할머니, 비켜주세요" 를 세 글자 대구말로 하면?

정답 : "할매 쫌"

"할머니, 비켜주세요" 를 한 글자 대구말로 하면?

정답 : "쫌"

루브르 박물관에 불이 나면

루브르 박물관에 갑자기 불이 나면 어떤 작품을 들고 나와
야 할까요?

정답 : 가장 가까이 있는 작품

약사들에게 박수 받은 유머

직장을 잃어 좌절에 빠진 사람에게 친구가 '세월이
약' 이라며 위로하자

실직자 친구 曰

"세월이 약이면 음력은 한약이고 양력은 양약이나?"

바보가 먹고 사는 법

어느 마을에 1000원짜리 지폐와 1만원짜리 지폐를 내놓으면 꼭 1000원짜리를 갖는 바보가 살았다.

마을의 한 사람이 바보에게 화를 내며 "1만원짜리를 받아"라고 충고했더니

바보가 그 사람을 바라보며 다음과 같이 말했다.

"내가 1만원을 가지면 사람들이 또 돈을 주겠어요?"

공부 편식 금지

공부를 못하는 아이가 성적표를 받아왔다.

전과목이 '가' 인데 딱 한 과목만 '양' 이었다.

아버지가 아이의 성적표를 보고 한 한마디.

"골고루 공부해야지, 너무 한 과목에만 치중하면 안 된다"

점심엔 못 먹는 두 가지

아침 식사(breakfast)와 저녁 식사(dinner).

교훈 : 이처럼 북한이 가져선 안 되는 두 가지가 있다.

핵무기와 인권 유린이 그것.

점심엔 못 먹는 두 가지

대학 때 공대 얼짱 박근혜

"여학생이 둘뿐인데 한 명이 유학 가서

혼자가 돼 공대 얼짱이 됐다"

여자가~~열 받을 때……

☺ 마누라가 저녁상을 완벽하게 다 봐 놓고 모임을 갔
   는 데도 남자가 저녁을 굶는 이유

   – 밥그릇은 뚜껑이 덮어 있고,
      반찬은 랩으로 씌워 있어서

☺ 여자가 정말 열 받을 때

   – 남편이 3박 4일 걸린다던 출장을 2박3일 만에
      마치고 돌아왔을 때

☺ 여자가 절망할 때

   – 3박4일로 간다던 출장이 취소됐다고 좋아하는
      남편을 볼 때

우물 물

시골 깡촌에서 살던 처녀가
서울로 파출부라도 해서 돈 벌려고 왔다.

처음으로 간 집이 마침 주인의 생일이라
손님들이 많이 와서 분주하게 일을 하는데
음식이 짰던지 주인 아저씨가 자꾸 냉수를 찾는다.
냉수를 몇 번 날랐는데 조금 있다가
또 한 잔 가져오라고 했다.
그러자 처녀가 빈 컵만 들고
난감해 하면서 서 있는 것이었다.

주인이 의아해 하면서 물었다.

"아니, 냉수 가지고 오라니깐 왜 그냥 서 있어?"
.
.
"누가 우물에 앉아 있어요..."

건망증

건망증이 너무 심한 아주머니.

택시에 오르자마자, 목적지를 잊을세라

"이태원에 꼭 내려주세요."

하고 말을 해 놓았다.

한참을 가다가 느낌이 이상해진 아주머니,

"아직도 안 왔나요?"

운전기사 깜짝 놀라 뒤돌아보며, "언제 타셨어요?"

엄마의 건망증①

고등학생인 영숙이네 엄마는 건망증이 무척 심하다.

하루는 아파트에 살고 있는 영숙이가 8층인 집으로

가기 위해 엘리베이터를 타러 갔다.

막 문이 닫히려는 엘리베이터를 붙잡아 타니,

엄마가 먼저 타고 있었다.

"엄마" 라고 부르려는 순간,

영숙이는 엄마의 한 마디에 좌절하고 말았다.

영숙이 엄마는 영숙이에게 이렇게 물었다.

"학생은 몇 층이야?" .....아니 우리 엄마 맞아!!!

엄마의 건망증②

은행에 간 엄마. 오늘은 거의 완벽하다.
통장과 도장도 가지고 왔고 공과금 고지서도 가지고
왔다.

이젠 누나에게 송금만 하면
오래간만에 정말 아무 일 없이(?) 은행에서
볼 일을 마치게 된다.

은행원 앞에서 자랑스러운 얼굴로 서 있는 엄마...

은행원도 놀라는 듯한 얼굴이었다.

"송금하시게요? 잘 쓰셨네요...
아! 전화번호를 안 쓰셨네요. 집 전화번호를 써야죠."

엄마는 그날 결국 집으로 되돌아와야만 했다.

저승의 문

아인슈타인이 죽어서 저승의 문 앞에 도달했다.
저승의 문을 지키는 베드로가 아인슈타인에게 말했다.

"자네가 아인슈타인이라는 걸 증명해보시게. 그럼 저승에
들어갈 수 있다네"

"저에게 칠판과 분필만 주시면 증명해보이겠습니다."

베드로가 손뼉을 치자 칠판과 분필이 뿅하고 나타났
고, 아인슈타인은 능숙한 솜씨로 상대성 이론의 공식
을 풀이해 나가기 시작했다.

"오 자네는 진정 아인슈타인이군! 저승에 온 것을 환영하
네"

아인슈타인 다음은 피카소 차례였다.
피카소 역시 베드로에게 칠판과 분필을 달라고 하더니 능숙

한 솜씨로 그림을 그려나가기 시작했다.

"오, 그래. 자네는 피카소가 맞군. 저승에 온 것을 환영하
네"

이명박이 저승의 문 앞에 도달했을 때, 베드로가 물었다.

"아인슈타인과 피카소도 자신을 증명했다. 넌 어떻게 증명
할래?"

그러자 이명박이 대답했다.

"아인슈타인하고 피카소가 누군데요?"

이명박은 그 즉시 통과했다.

제야의 종

12월 31일 밤, 제야의 종 타종을 위해 이*박이 종각에 올라
선 순간, 군중 속의 한 남자가 권총을 꺼내들고서 이*박을
겨냥하며 외쳤다.

"이*박 죽어라!"

그러나 암살은 실패로 돌아갔고, 남자는 곧 경호원들에게 붙
잡혀 체포되었다. 취조실에서, 경호원이 물었다.

"어떻게 대통령을 암살할 생각을 할 수 있지?"

"내가 총을 빼든 순간, 주변의 사람들이 날 덮쳤소"

"그렇다면, 역시 대통령을 지지하고 있는 국민들이 자네를
막은 것이군"

"그게 아니고, 자기가 대신 쏘겠다면서 내 총을 빼앗으려고
하는 바람에 실패했단 말입니다."

저승에 간 놀부

(드디어 흥부내외와 놀부내외가 염라대왕 앞에 섰다.)

염라대왕 : 흥부와 놀부는 듣거라. 지금 너희들 앞에 똥통과
　　　　　 꿀통이 있느니라. 각자 어느 통에 들어가겠는고?
　　　　　 (놀부 잽싸게 먼저 말한다.)

놀　부 : 저는 꿀통에 들어가고 싶습니다.

염라대왕 : 그런가? 그렇다면 하는 수 없군. 놀부는 꿀통에
　　　　　 그리고 흥부는 똥통에 들어갔다 나오너라.
　　　　　 (두 사람은 염라대왕이 하라는 대로 했다.)

염라대왕 : 너희 형제는 서로 마주 서거라. 그리고 서로 상
　　　　　 대의 몸을 깨끗하게 핥아라.
　　　　　 (놀부는 죽을 상이 되고 말았다.)

한참 후, 다음은 아내들 차례

염라대왕 : 흥부아내와 놀부아내는 각자 어느 통에 들어갔다
　　　　　 나오겠는가?
　　　　　 (놀부아내는 얼른 놀부를 쳐다본다. 놀부는 똥통
　　　　　 에 들어가라는 눈짓을 한다.)

놀부아내 : 대왕님, 저는 똥통에 들어가고 싶어요.

염라대왕 : 오. 그러냐? 하는 수 없지. 놀부아내는 똥 통에
　　　　　 그리고 흥부아내는 꿀통에 들어갔다 나오너라.
　　　　　 (두 여인은 염라대왕이 하라는 대로 했다.)

염라대왕 : 지금부터 흥부와 놀부는 각자 자기 아내와 마주
　　　　　 서거라. 그리고 각자 자기 아내의 몸을 깨끗이
　　　　　 핥아라.

놀부 드디어 기절하고 말았다.

난 모르겠네...

☺ 밤늦게 집에 들어와 이불속으로 들어가는데
　　－ '당신이에요?' 라고 묻는다. 몰라서 묻는 걸까?
　　　딴 놈이 있는 걸까?

☺ 마누라는 온갖 정성으로 눈 화장을 하더니
　　－ 선글라스는 왜 끼는 걸까?

☺ 참으로 조물주는 신통방통한 것 같다.
　　－ 인간이 안경을 낄 줄 알고 귀를 달아놓다니?

☺ '소변금지'라 써놓고 옆에 가위가 그려져 있다.
　　－ 그럼 여자는 볼일을 봐도 된다는 걸까?

☺ 여자에게 키스했더니 입술을 도둑 맞았다 한다.
　　－ 다시 입술을 돌려주고 싶은데 순순히 받아줄까...?

☺ 요즘 속셈학원이 많이 생겼는데

    – 뭘 가르치겠다는 속셈일까...??

☺ 오랜 봉사활동을 거쳐 빛을 본 사람은 누군가?

    – 심봉사

☺ 왜 콧구멍도 둘일까?

    – 하나면 후비다가 숨 막혀 죽을까봐

☺ 바닷물이 짠 이유

    – 물고기가 땀을 내면서 뛰어놀아서

☺ 닭이 길가다 넘어진 것을 두 글자로 줄이면 ?

    – 닭쫭

☺ 형과 동생이 싸우는데 가족들은 모두 동생편만 든다. 이
것을 간단하게 말하면

    – 형편 없는 세상~

☺ 서울시민 모두가 동시에 고함지르면 무슨 말이 될
까?

    – 천만의 말씀

☺ 아홉 명의 자식을 세자로 줄이면?
  - 아이구

☺ '신혼' 이란?
  - 한 사람은 '신' 나고
    한 사람은 '혼' 나는 것이라 한다.

☺ 한명의 야당정치인과 두 명의 여당정치인 이를 사자성어
  로 하면?
  - 일석이조. (한명의 돌대가리와 두명의 새대가리)

☺ 세상에서 제일 시원하고 화끈한 얘기는 ?
  - 어름공장에 불난 이야기

☺ 비아그라는 되도록 빠르게 삼켜야 한다. 왜 그럴까?
  - 그렇지 않으면 목이 뻣뻣해질 테니까.

☺ 한 남자가 25도짜리 소주 네 병, 6도짜리 맥주 열
  병, 45도짜리 고량주 세 병 모두 마셨다. 이 남자 가 마
  신 술은 모두 몇 도일까?
  - 졸도...

강아지와 남편의 공통점

☺ **강아지와 남편의 공통점**

1. 끼니를 챙겨줘야 한다.

2. 가끔씩 데리고 놀아줘야 한다.

3. 복잡한 말은 못 알아듣는다.

4. 초장에 버릇 잘못 들이면 내내 고생한다.

☺ **남편이 강아지보다 편리한 점**

1. 돈을 벌어온다.

2. 간단한 심부름은 시킬 수 있다.

3. 훈련을 안 시켜도 대소변을 가릴 수 있다.

4. 집에 두고 여행을 갈 수 있다.

5. 같이 외출할 때 출입제한 구역이 적다.

☺ **그럼에도 불구하고 강아지가 남편보다 좋은 까닭**

1. 신경질 날 때 발로 뻥 찰 수 있다.

2. 한 집안에 두 마리를 길러도 뒤탈이 없다.

3. 강아지의 부모형제로부터 간섭받을 필요가 없다.

4. 외박을 하고 들어와도 꼬리치며 반가워한다.
5. 데리고 살다가 싫증나서 버릴 때 변호사가 필요없다.

학교가기 싫은 아들

어느 날 아침, 아들이 엄마에게 징징거리며 떼쓰기 시작했다.

아들 : "엄마, 나 학교가기 싫어! 오늘부터 안 갈래요!!"

엄마 : "왜 그러니? 대체 이유가 뭐야?"

아들 : "애들이 나랑은 안 놀아주고 자꾸 왕따 시킨단 말예
　　　요!"

그러자 엄마는 한숨을 내쉬며 타이르듯 말했다.

엄마 : "그래도 어쩌겠니.. 니가 선생인걸.."

4명의 할머니

경찰이 속도위반 차량을 잡고 있었다.
너무 느리게 달리는 차가 있어 그 차를 세웠다.
차 안에는 할머니 네 명이 타고 있었다.
운전을 하는 한명만 빼고 나머지 세 명은 모두 손을 부들부
들 떨고 있었다.

경찰이 할머니께 말했다.

"할머니 그렇게 늦게 가시면 안돼요"

"이상하다. 분명 20이라고 써있던데, 그래서 20으로 달린게
잘못됐나?"

"그것은 국도 표시에요. 여기가20번 국도거든요."

"아~그래"
"다른 사람들은 왜 손발을 부들부들 떨고 있나요?"
"방금 186번 국도를 타고 왔거든..."

아내를 오리에 비유하면

돈 버는 능력은 없지만 살림은 잘하는 전업주부
= 집오리.

전문직에 종사하며 안정적인 수입이 있는 아내
= 청둥오리.

부동산, 주식투자 등으로 " 큰돈을 벌어오는 아내
= 황금 알을 낳는 오리.

남편이 벌어다 주는 돈 다 쓰고도 모자라 돈 더 벌어오라고
호통만 치는 아내
= 탐관오리.

모든 재산을 사이비종교에 헌납한 아내
= 주께 가오리.

돈 많이 드는 병에 걸리고도 명까지 긴 아내
= 어찌 하오리.

돈 많이 벌어 놓고 일찍 죽은 아내
= 앗싸 가오리.

재밌는 얘기들 모음

1. 눈 작은 친구랑 같이 스티커 사진 찍었는데 잡티제거 기
   능 누르니까 그 친구 눈 사라졌다.

2. 아버지가 아들에게 찌질이가 뭐냐고 물어보셔서 촌스럽고
   덜떨어진 사람을 말한다고 말씀드렸다. 그런데 어느 날 아
   버지 핸드폰을 우연히 봤는데 자기랑 자기 형이 '찌질이
   1' '찌질이2' 라고 저장되어 있었다.

3. 영화관에서 친구랑 영화 보다가 배 아파서 잠깐 화장
   실 갔다가 자리로 돌아와서 친구 귀에다 대고 "나 똥 2
   키로 쌌다." 이랬더니 알고 보니 친구가 아니고 어떤 아저
   씨 ㅋㅋ
   아저씨 왈 "수고하셨어요."

4. 남친에게 "여친을 꽃에 비유한다면 어떤 꽃인가요?" 질문
   을 했다. 남친이 피식 웃으며 "감히 꽃 따위가." 이랬다
   는데 그걸 본 어떤 커플, 여자 친구가 남자친구에게 이 애

기를 해주면서 "자기야,~ 난 어떤 꽃이얌?*^^*" 이러니까
남자친구 피식 웃으면서 "감히 너 따위가..."

5. 한 사람이 정신병원 원장에게 어떻게 정상인과 비정상인
   을 결정하느냐고 물었다. "먼저 욕조에 물을 채우고 욕조
   를 비우도록 차 숟가락과 찻잔과 바가지를 줍니다." "아
   하!... 알겠습니다. 그러니까 정상적인 사람이라면 숟가락
   보다 큰 바가지를 택하겠군요" 그러자 원장 왈.. "아닙니
   다. 정상적인 사람은 욕조 배수구 마개를 제거합니다."

6. 맹구가 경찰이 되기 위해 면접을 보는 날,
   면접관 왈 "김구선생이 누구에게 피살되었지?" 그러자 맹
   구는 바로 아내에게 전화를 걸어 말했다. "자기야! 나 첫
   날부터 사건 맡았어~!"

7. 오랜만에 부부동반으로 동창회에 참석한 사오정. 모임 내
   내 아내를 "허니야", "자기야", "달링" 등 느끼한 말로
   애정을 표현하자, 친구들이 왜 짜증나게 그렇게 부르냐고
   물었다.
   그러자 사오정 왈 "사실, 3년 전부터 아내 이름이 기억이
   안 난다네..."

8. 최불암이 버스를 탔다. 종로에 오자 운전기사가 이렇게
크게 외쳤다. "이가입니다. 이가 내리세요!" 그러자 몇 사
람이 우르르 내렸다. 잠시 후 운전사가 또 소리쳤다. "오
가입니다. 오가 내리세요!" 또 몇 명이 내렸다. 안절부절
못하던 최불암..... 드디어 운전사에게 달려가서 하는 말
"왜 이가하고 오가만 내리게 하는 거여? 최가는 언제 내
리는 거여?"

9. 맞아도 싸다
엄마가 외출하려고 화장을 하고 이것저것 입어보고 있었
다. 곁에서 보고 있던 7살짜리 아들이 속옷 차림의 엄마를
보며 말했다. "캬~아!! 쥑이네. 울 엄마도 섹쉬하다. 그
치!" 그 말을 들은 엄마가 화를 내며 머리를 쥐어박고선
이렇게 말했다. "이 녀석이! 쬐만한 게 말투가 그게 뭐
야?" 그때 가만히 보고 있던 9살짜리 형이 동생에게 넌지
시 건네는 말! "거봐~, 임마!! 임자 있는 여자는 건드리지
말라고 내가 누차 얘기했잖아!"

냉면과 우동의 대화

냉면이 친구 우동을 만났다.

냉면 : 자네 요새 무슨 일 있나? 왜 이렇게 시무룩해? 이번
　　　에 득남까지 했다면서? 허허허, 자네는 복도 많아. 검
　　　은 생머리의 절세미인인 자장면양과 결혼하더니 이번
　　　엔 아들까지 낳았군.

우동 : 흠. 그런게 아니라니까.

냉면 : 뭐가 아닌가 분명히 아들도 오동통한 면발에 긴 생머
　　　리의 미남일 텐데.

우동 : 그게 말이야 아내 자장면이 신라면을 낳았다네.

냉면 : 헉! 아니 어떻게 그런 일이 있을 수 있는가? 우동 자
　　　네와 자장면 제수씨 모두 생머리인데 어떻게 꼬불꼬

불한 신라면이 태어날 수 있는가?

우동 : …나도 그럴 줄 몰랐지. 글쎄 자장면 그 여자가 원래
는 짜파게티인데 스트레이트 파마하고 나랑 결혼한
줄은 꿈에도 몰랐다네. 아!.... 신혼 첫날밤에 올리브
별첨으로 머리 감을 때부터 알아봤어야 하는 건
데……!

냉면 : 헉..-O-;;

거북시리즈①

어느 날 거북이가 길을 가고 있었다.
그런데 그 옆에 달팽이가 힘겹게 기어가는 걸 보고
거북이가 태워주었다.

계속 가다보니 굼벵이가 또 힘겹게 기어가고 있었다.
거북이가 또 태워주려고 하자 달팽이가 급히 말했다.

"야 타려면 멀미약 좀 사가지고 타야 돼!!

너무 빨라서 어지러워 미치겠어!!"

거북시리즈②

거북이가 연못에서 헤엄을 치고 있었다.
그런데 옆에서 헤엄치는 물방개가 자꾸 자리를 반복하기만
하고 영 전진을 못하는 것 같았다.
거북이는 물방개가 안쓰러웠다.
그래서 물방개를 태워주기로 했다.

물방개가 타고 다시 거북이가 헤엄을 치며 가고 있는데 소금
쟁이가 또 제자리를 맴돌고 있는 게 아닌가.
거북이는 또 안쓰러워 소금쟁이를 태워주었다.

소금쟁이가 타자 물방개가 말했다.

"야, 꽉 잡아!! 이 시키 잠수도 해!!"

머피의 법칙

☺ **신체의 법칙** – 가려움은 손이 닿기 어려운 부위일수록
그 정도가 더욱 심하다.

☺ **정류장의 법칙** – 그냥 지나칠 때는 자주 오던 버스도,
타려고 기다리면 죽어도 안 온다.

☺ **애프터서비스의 법칙** – 고장난 제품은 서비스맨이 당도
하면 정상으로 작동한다.

☺ **시험의 법칙** – 공부를 안하면 몰라서 틀리고 어느 정도
하면 헷갈려서 틀린다.

☺ **정리 정돈의 법칙** – 찾는 물건은 항상 마지막으로 찾아
보는 하찮은 장소에서 발견된다.

☺ **동창회의 법칙** – 동창회에 가면 좋아하던 사람은 결혼했
고 상관없는 사람들끼리만 2차를 간다.

☺ **화장실의 법칙** – 공중화장실에서 내가 선 줄은 항상 제
일 오래 걸린다.

☺ **인생살이의 법칙** – 사태를 복잡하게 하는 것은 간단한
일이지만, 사태를 간단하게 하는 것은 매우 복잡한 일이다.

신기한 마술연필

정릉에사는 백모군이 골목길을 지나는데 무서운 할머니 한분
이 물건을 팔고 계셨다. 여러 물건 중에 연필을 집었더니

"그 연필로 시험을 보면 답만 써진다네" 라고 하였다.

믿지는 않았지만 그 연필을 사서 시험을 보았는데
시험을 보던 백모군이 그만 경악을 하고 말았습니다.

그 연필은 오로지 "답" 만 써졌다.

계산은 누구?

예쁜아가씨가 할머니와 함께 옷감을 사러 백화점엘 갔다.

예쁜아가씨 : "이 옷감 한 마에 얼마예요?"

주인아저씨 : "한 마 정도는 키스 한 번만 해주면 그냥 드릴
수도 있습니다."

예쁜아가씨 : "어머! 정말이세요?"

주인아저씨 : "정말입니다."

예쁜아가씨 : "그럼 다섯 마만 주세요."

주인아저씨 : (즐거운 표정을 지으며)
"여기 있습니다. 그럼, 이제 키스 다섯 번 하
셔야죠?"

예쁜아가씨 : "계산은 할머니가 하실 거예요!"

오늘의 유머

어떤 형사가 유력한 범인으로 추정되는 사람을 찾아갔다.

형사 : "당신에게 좋은 소식과 나쁜 소식을 전해주러 왔
　　　소!"

범인 : "나쁜 소식이란게 뭡니까?"

형사 : "현장에서 발견된 혈흔이 당신 피와 일치하다는 국과
　　　수 감식 결과가 나왔소!! 체포영장입니다!!"

범인 : "그럼 좋은 소식은 뭡니까?"

형사 : "콜레스테롤 수치와 혈당치는 정상이라고 하네요!!"

바람둥이의 전략

바람둥이 : "나는 마음만 먹으면 여자 사귈 수 있어"

사람들 : "어떻게 사귀는데?"

바람둥이 : "편지 하나만 쓰면 돼"

사람들 : "뭐라고? 말도 안 돼. 편지 하나로 어떻게 한다
　　　　고"

그러자 바람둥이 왈·······

"응... 왜냐면 난 수표에다가 편지를 쓰거든"

바람둥이의 전략

노처녀의 결혼상대

어떤 결혼정보센터에 노처녀로부터 전화가 걸려왔다.

"예, 결혼정보센터입니다. 어떤 남자와 결혼하고 싶습니까?"

"글쎄요, 명랑하고, 웃음이 유쾌하고, 노래도 잘하고, 요리도 잘하고, 언제나 새로운 정보도 주고, 가끔씩 감동도 시켜주고, 잔소리도 안하고, 항상 편안한 친구와 같고, 또 무엇보다도 밤에는 항상 집에 있어주는... 그런 사람이요!"

그러자 결혼정보센터 상담원이 조용한 목소리로 이렇게 대답했다.

"그럼 텔레비전을 한 대 사시죠"

오해

경상도 할머니가 시외버스를 탔다.

안내양이 친절하게 물었다.

"할머니, 어디 가시나요?"

그러자 할머니는 몹시 분하다는 듯이 소리쳤다.

"그래, 내는 경상도 가시내다.

그러는 니는 어디 가시내고?"

빈대의 소원

빈대 네 마리가 하느님께 각자 소원을 들어달라고 기도했다.

첫 번째 빈대는 힘이 센 소가 되고 싶다고 해서 소원대로 되었다.

두 번째 빈대는 하늘을 나는 새가 되고 싶다고 해서 새가 되었다.

세 번째는 세상을 마음껏 여행할 수 있도록 쥐가 되게 해달라고 했고 원하는 대로 되었다.

그런데 욕심 많은 네 번째 빈대 왈 "저는 소도, 새도, 쥐도 모두 되고 싶어요"
물론 하느님은 소원을 들어주셨다.

네 번째 빈대는 '소시지(소새쥐)' 가 되었다. ㅋㅋㅋ

존대말을 하는 이유

영희의 엄마 아빠는 연상 연하 커플이다.

겨우 한 살 차이지만 엄마는 영계랑 산다며 동네방네 자랑을 항상 하고 다녔다.

그런데 영희는 아빠가 엄마한테 누나라고 부르거나 누나대접을 해 주는 것을 한 번도 본적이 없었다.

보통 엄마, 아빠의 대화는 이랬다.

아빠 : "어이 빨래는 했어?"

엄마 : "네에, 그럼요~"

아빠 : "어이 그거 가져왔어?"

엄마 : "어머나 깜빡했네. 어쩌죠?"

영희는 이해가 되지 않아 설거지를 하고 있는 엄마에게 물었다.

영희 : "엄마, 엄만 왜 아빠가 더 어린데 존댓말을 써?"

그러자 엄마가 대답하길...

"안그럼 재 삐져~~"

좋은 소식

아들이 아버지에게 말한다.

아들 : "아버지 좋은 소식이 있어요"

아버지 : "무슨 일인데?"

아들: "제가 이번 시험에서 F학점을 면하면 선물로 50만원
　　　주시기로 하셨잖아요?!"

아버지 : "그랬었지, 그래서 F학점 면했니?"

그러자 아들이 하는 말...

"그 돈 아버지 쓰세요~"

화장실에서

4살짜리 꼬마가 볼일을 보고 엄마를 불렀다.

"엄마 응가 닦아 주세요."

그러자, 엄마가 습관을 고쳐 주려고

"안 돼. 이제부터 혼자서 닦아야 돼"

그러자 꼬마가 말하길,

.

.

.

"그럼 이제부터 응가는 셀프야???"

그들의 실체

뒷모습이 예쁜 여자를 따라가던 남자가 앞모습을 보고
실망하여 내뱉는 말이 있다.

"어? 아니군요, 제가 아는 사람인줄 알았습니다. 죄송합니
다."

뒷모습이 멋진 남자를 따라가던 여자가 앞모습을 보고
실망하여 내뱉는 말이 있다.

·

·

·

"저~ 혹시, 도에 관심이 있으십니까?"

남자의 마음

50대 남자와 30대 남자 두 사람이 대형마트에서 카트를 끌고 부인을 찾다가 서로 부딪혔다.

50대 남자 : "아이고 이거 미안합니다. 우리 집사람을 찾고 있는 중인데 제가 미처 앞을 보지 못했습니다."

30대 남자 : "무슨 별말씀을... 근데 저도 제 와이프를 찾고 있거든요. 근데 이 여자가 어디에 있는지 도무지 찾을 수가 없네요. 이젠 슬슬 걱정이 되는데요."

50대 남자 : "내가 도와줄 수 있을 것 같으니 부인의 인상착의를 말해보게."

30대 남자 : "나이는 27세이고 키는 크고 금발 머리에 푸른 눈을 가졌고요. 가슴은 풍만하고 다리는 길고요. 그리고 아주 짧은 핫팬츠를 입었어요.
그런데 선생님 사모님은 어떻게 생기셨나요?"

.

.

.

50대 남자 : "그건 신경 끄고 당신 와이프나 찾으러 갑시
다."

나라 유머

☺ 세계에서 굶은 사람이 가장 많은 나라는? 헝가리

☺ 바느질을 제일 잘하는 나라는? 가봉

☺ 국민들이 가장 거만한 나라는? 오만

☺ 국민들이 가장 꾀가 많은 나라는? 수단

☺ 세계에서 가장 큰 코쟁이들이 사는 나라는? 멕시코

☺ 가장 권투를 잘하는 나라는? 칠레

☺ 애주가가 가장 많은 나라는? 호주

☺ 처녀들이 가장 많이 사는 나라는? 뉴질랜드

나라 유머

연예인 유머

☺ 우리나라에서 제일 잠이 많은 연예인은? 이미자

☺ 어부들이 제일 싫어하는 가수는? 배철수

☺ 스캔들 없이 사생활이 제일 깨끗한 가수는? 노사연

☺ '너는 시골에 산다'를 세 글자로 한다면? 유인촌

☺ 투수가 싫어하는 연예인은? 강타

☺ 눈과 구름을 자르는 칼은? 설운도

☺ 청바지를 갖고 있는 사람은? 소유진

답형 유머

☺ 누룽지를 영어로? 바비 브라운

☺ 사과를 한 입 베어 물면? 파인애플

☺ 한 입 더 베어 물면? 더 파인애플

☺ 엄마는 한 명이고, 아버지가 둘인 아이는? 두부 한모

☺ 국사책을 태우면? 불국사

☺ 참기름이 법원에 간 이유? 고소하려고

☺ '당신은 비를 아십니까?' 를 네 글자로 하면? 너비아니

☺ 소주, 맥주, 양주를 섞어 마시면? 졸도

☺ 세상에서 제일 맛있는 술은? 입술

☺ 거지의 최대 소원은? 깡통에 도금하기

☺ 눈이 녹으면 뭐가 될까? 눈물

미친 여자 시리즈

☺ 태종대를 대학이라고 우기는 여자

☺ 허장강을 강이라고 우기는 여자

☺ 몽고반점을 중국집이라고 우기는 여자

☺ 안중근을 내과의사라고 우기는 여자

☺ 탑골공원과 파고다공원이 다르다고 우기는 여자

☺ LA가 로스엔젤레스보다 멀다고 우기는 여자

☺ 으악새가 새라고 우기는 여자

☺ 김대중 전 대통령이 일주일에 두 번씩 조선일보에 칼럼
쓴다고 우기는 여자

☺ 구제역이 양재역 다음이라고 우기는 여자

☺ 비자카드 받아놓고 미국비자 받았다고 우기는 여자

지명 시리즈

☺ 와글와글 분주하게 시끄러운 도시는? 부산

☺ 생선 매운탕을 좋아하는 도시는? 대구

☺ 노래 부르려는 사람이 먼저 찾아가는 도시는? 전주

☺ 식욕 없는 사람이 찾아가고 싶은 도시는? 구미

☺ 술 좋아하는 사람이 좋아하는 도시는? 청주

☺ 보석을 밝히는 사람들이 좋아하는 도시는? 진주

☺ 싸움이 끊일 새 없는 도시는? 대전

☺ 뜀박질에 인생을 걸고 사는 도시는? 경주

☺ 무서운 도시로 널리 알려진 도시는? 이리

☺ 철부자로 알려진 도시는? 포항

들어도 기분 나쁜 칭찬 시리즈

☺ 당신은 살아있는 부처님입니다.
　　— 선행을 베푸시는 목사님에게

☺ 할머니, 꼭 백 살까지 사셔야 해요.
　　— 올해 연세가 99세인 할머니에게

☺ 참석해주셔서 자리가 빛이 났습니다.
　　— 대머리 아저씨에게

☺ 참 정직한 분 같으세요.
　　— 직구밖에 던지지 못해서 좌절하고 있는 투수에게

☺ 당신의 화끈함이 마음에 듭니다.
　　— 화상을 입은 환자에게

☺ 당신이 그리워질 것 같군요. 다시 꼭 한 번 들러주세요.
　　— 간수가 석방되어 나가는 죄수에게

옛날 유머

① 닦으면 닦을수록 더러워지는 것?

② 심청이의 생일?

③ '잘 키운 딸 하나 열 아들 안 부럽다' 라고 말한 사람?

④ 돌팔이 의사의 시조?

⑤ 사람들이 가장 싫어하는 색은?

⑥ 길이(발 싸이즈)가 2㎞나 되는 발은?

⑦ 씨암탉의 천적은?

⑧ 호프로는 맥주를 엿기름으로는 감주를 만든다. 돈으로는
   무엇을 만드나?

⑨ 안경이 들어 있는 곳은 안경집, (내)가 사는 곳은 김경집
   그러면 모래가 들어있는 곳은?

⑩ 라면 중에 못 먹는 라면?

⑪ 소금으로 부자가 되려면?

⑫ 국민교육헌장은 모두 몇 글자?

⑬ 사람을 튀어 나오게 하는 기계는?

⑭ 나이를 먹을수록 찌는 살은?

⑮ 애국가에 나오는 산의 갯수는?

ⓐ 참새가 무서워하는 비는?

ⓑ 알은 알인데 날아다니는 알은?
ⓒ 한 곳으로 들어가서 세 곳으로 나오는 것은?
ⓓ 물에 빠지면 제일 처음 만나는 적은?

① 걸레 / ② 9월4일(구사일생) / ③ 심봉사 / ④ 흥부 /
⑤ 질색 / ⑥ 오리발 / ⑦ 사위 / ⑧ 물주 / ⑨ 닭똥집 /
⑩ 바다가 육지라면 / ⑪ 소와 금을 분리한다 / ⑫ 6자
/ ⑬ 초인종 / ⑭ 주름살 / ⑮ 3개(백두산, 남산, 화려강
산)

ⓐ 허수아비 / ⓑ 총알 / ⓒ 웃옷 / ⓓ 허우적

요즘 유머

① 동쪽으로 달리고 있는 서산대사의 머리는 어디로 휘날리는 가?

② 하루에 백 원씩 일 년을 내면 일 억원을 탈수 있는 계는?

③ 죽었다 깨나도 못하는 것은?

④ 하늘에서 별 따기보다 더 힘든 것은?

⑤ 누워서 떡 먹기보다 쉬운 것은?

⑥ 폭풍우보다 무서운 비?

⑦ 가짜로 내리는 비?

⑧ 미역 장사가 좋아하는 산?

⑨ 이혼의 가장 결정적인 원인은?

⑩ 피는 피인데 엄마들이 좋아하는 피는?

⑪ 가면을 벗으면 얼굴이 두 개인 것은?

⑫ 박찬호가 가장 싫어하는 책은? (실책) 가장 싫어하는 가 수는?

① 휘날리지 않음(대머리이기 때문) / ② 황당무계 / ③ 죽었다 깨나는 것 / ④ 하늘에 별 달기 / ⑤ 누워서 떡 안 먹기 / ⑥ 낭비 / ⑦ 사이비 / ⑧ 출산 / ⑨ 결혼 / ⑩ 모피 / ⑪ 콩나물 / ⑫ 강타

야한유머모음집

☺ 남여가 자고나면 저절로 생기는 것은? 눈꼽

☺ 사랑을 느껴야 할 수 있다.
　두 사람이 하는 것이다.
　피를 봐야 하는 것이다
　보통 누워서 한다.
　찌를 때 고통이 따른다.
　무엇일까?　헌혈

☺ '20명의 남자' 를 7자로 늘이면? 이넘 저넘 18넘

☺ 인체 중에서 상황에 따라 보통 때의 6배까지 팽창할 수
　있는 곳은? 동공

☺ 이 시대 최고의 팔불출은? 지 마누라 보고 흥분 하
　는 놈.

☺ 비아그라의 출현으로 남자들이 얻는 이득은?
 남자는 고생이 곱절로....이득을 얻는 건 오직, 여자뿐이다.

☺ 새신랑과 안경 낀 사람의 공통점은? 벗으면 더듬는다.

☺ 흔들 때 쾌감 쌀 때 허무함 이 게 뭐람? 고스톱

☺ 남자의 코가 크면 무엇이 클까? 콧구멍

☺ 구멍이 커야 이기는 경기는? 엿치기

☺ 노인이 되면 정말 자신이 없어지는거...? 바늘구멍에 실
 꿰기...

☺ 남자들이 축구, 농구, 골프같은 운동을 좋아하는 이유는?
 본능적으로 넣는걸 좋아한다

배트맨과 슈퍼맨

어느 날 배트맨이 슈퍼맨에게 시비를 걸었다.

"야 슈퍼맨... 넌 기분 나쁘게 왜 맨날 팔짱만 끼고 있는 거
야?"

그러자 슈퍼맨 왈
"씨~. 바지에 주머니가 없어 그런다. 왜 꼽냐?"

그러자 배트맨 비웃으며
"야. 임마, 바지위에 팬티를 입으니깐 그렇지..."

그러자 슈퍼맨 왈...

.

.

.

"사돈 남말 하시네..."

☺☺☺

☺ 도둑이 훔친 돈은? 슬그머니

☺ 노인들이 좋아하는 폭포는? 나이야 가라

☺ 여러분이 마라톤을 하고 있습니다. 자 이제 당신이 2등을
제꼈습니다. 몇등일까요? 2등

☺ 토끼가 제일 잘 하는 것은? 토끼기

☺ 콧구멍이 큰 여자는 무엇이 클까요? 코딱지

☺ 고릴라의 콧구멍이 큰 이유는? 손가락이 굵기 때문에

☺ 성경은 모두 신구약 66권입니다. 그럼 성경은 모두 몇
글자 일까요? 두 글자

☺ 둘리는 어떤 공룡일까요? 아기공룡

☺ 젖소에게는 4개, 여자에게는 2개가 있다. 이것은? 다리

☺ 남자들의 신체에서 젖꼭지는 필요 없다. 하지만 그럼에도
  불구하고 붙어있는 이유는?   앞판뒷판 구분하려고

☺ 사우디아라비아 최고의 교육자 이름은? 하나라도 알라

☺ 사우디아라비아에서 가장 무식한 사람은? 모하나도 몰라

☺ 신혼부부가 제일 좋아하는 곤충은? 잠자리

☺ 제가 가장 좋아하는 술은? 집사람 입술

☺ 여자는 수염이 왜 없을까요? 화장하는데 불편해서

☺ 죽었다 깨어나도 자기 마음대로 못하는 것은? 죽었다 깨
  어나기

☺ 하늘의 별따기보다 더 어려운 것은? 하늘에 별달기

☺ 여자 없이 살수가 없는 남자는? 산부인과 의사

☺ 병균 중에 제일 계급이 무서운 병균은 ? 대장균

☺ 기록에 의하면 나폴레옹은 전쟁 시에 반드시 파란벨트만 찼다고 한다. 그 이유는? 벨트를 안차면 바지가 내려가니 까

☺ 현대인들의 얼굴이 갈수록 굳어가는 이유는? 하나님이 인간을 진흙으로 만들어서

☺ 오랜 봉사활동을 하다 마침내 빛을 본 사람은? 심청 아 버지

☺ 철새가 겨울철에 북쪽으로 날아가는 이유는? 걸어가면 오래 걸리니까 날아간다.

☺ 비행기가 나는 이유는? 길로 다니면 걸리는 게 많아서

☺ 알리의 주먹보다 타이슨의 주먹보다 더 강한 것은? 보

☺ 브래지어가 맞지 않을 때는? 가슴 아픈 일이다

☺ 텔레토비가 가장 좋아하는 알파벳은? i

☺ 1년 12달 중 28일이 있는 달은? 1년 열두 달 다 28일

이 있다.

☺ 개 두 마리가 전봇대에서 쉬를 보다가 경찰이 접근하자 달아나 버리는 것이었다. 왜 그랬을까요? 다 쌌으니깐.

☺ 참새 백 마리가 전기줄에 앉아 있었다. 그런데 포수가 한 방을 쏘자 백 마리가 떨어졌다. 어떻게 된걸까? 참새 이름이 백마리였다.

억울합니다

어떤 남자가 자동차를 훔친 혐의로 경찰서에 잡혀왔다.
경찰이 그의 범죄 사실을 추궁했다.

"당신 뭐 때문에 남의 차를 훔친 거지?"

그러자 남자는 억울하다는 듯 신경질적으로 대답했다.

"난, 훔친 게 아닙니다. 묘지 앞에 세워져 있기에 임자가 죽
은 줄 알았다고요!"

한국이라는 이상한 나라

☺ 세계의 경제를 쥐락펴락하는 일본을 "쪽바리" 라하며 우습게 보는 유일한 종족 한국

☺ 세계 유일의 분단국가

☺ 세계에서 보기 드문 단일민족

☺ 암 사망율, 음주 소비량, 양주 수입율, 교통사고, 청소년 흡연율, 국가부채 등 각종 악덕 타이틀에는 3위권 밖으로 벗어나지 않는 유일한 종족.

☺ IMF경제위기를 맞고도 체 2년 남짓한 사이에 위기를 벗어나 버리는 유일한 종족.

☺ 자국 축구리그선수 이름도 제대로 모르고, 축구장도 정말 썰렁하지만 월드컵 때는 700만이 거리로 쏟아져 나와 외신으로 부터 '조작' 이라는 말까지 들었던 종족

☺ 월드컵에서 1승도 못하다가 갑자기 4강까지 후딱해치어 버리는 미스테리 종족.

☺ 미국인들로 부터 돈 벌레라 비아냥 받던 유태인족을 하루 아침에 게으름뱅이로 내몰아 버리는 엄청난 생활패턴의 종족

☺ 조기영어 교육비 세계 부동의 1위를 지키면서 영어 실력 은 100위권 수준의 종족

☺ 그러면서 세계 각국 우수대학의 1등자리를 휩쓸고 다니는 미스테리 종족

☺ 매일아침 7시 40분까지 등교해서 밤 10시, 11시까지 수 년간을 공부하는 엄청난 인내력의 청소년 들이 버틴 미스 테리 종족, 한국

☺ 물건은 비쌀수록 잘사는 미스테리 종족

☺ 아무리 큰 재앙이나 열 받는 일이 닥쳐도 1년 내에 잊어 버리고 끊임없이 되풀이하는 종족

☺ 해마다 태풍과 싸우면서도 다음해에도 그 다음해에도 똑같은 피해를 계속 입는 대자연과 맞짱 뜨는 엄청난 종족

☺ 쓰레기들이 나라를 이끌어 가면서도 망할 듯 망할 듯 안 망하는 엄청난 내구력의 종족

☺ 목소리 큰 놈이 이기는 야생종족

☺ 6년 동안 영어공부만 하고도 외국인과 한마디의 대화도 못하는 허무종족

☺ 조직폭력영화를 유난히 좋아하는 괴짜종족

☺ 매운 것을 즐기는 무서운 종족

☺ 땅덩어리도 적으면서 우수한 인재가 많이 나오는 종족

☺ 세계인터넷 접속1위를 차지하는 밤잠 잘 안자는 종족

☺ 기름 한 방울 없으면서 누구나 자동차 한 대씩 있는 간 큰 종족

백수의 등급

1. 초보백수

남아도는 시간을 주체하지 못해 안절부절한다.
만화가게나 비디오 대여점 주인과 이제 말을 트기 시작한다.
직업을 물으면 어쩔 줄 몰라 한다.
주머니가 비면 외출이 불가능하다.
남들 노는 일요일이 되면 허무하게 느껴진다.

2. 어중간한 백수

넘쳐나는 시간이 그리 부담스럽지 않다.
비디오 대여점이나 만화가게 주인 대신 가게를 봐주기도 한다.
주머니가 비어 있어도 일단 나가고 본다.
머리를 감지 않고 일주일 정도 버틸 수 있다.

무궁무진한 시간을 자유자재로 활용하는 시테크 전문가.
자신만의 취침 및 기상시간을 고수한다.
몇 달 몇 일을 같이 놀아도 도대체 그가 무슨 일을 하는지
아는 이가 없다.
빈 주머니일수록 당당히 행동한다.

남편이 밤에 한 짓

술을 마시고 늦게 들어온 남편이 볼일을 본다고 나갔다가 들어와 아내에게 말했다.

"우리집 화장실은 편하기도 하지. 문만 열면 불이 켜지니 말야!"

그러자 아냐가 화를 내며 소리쳤다.

"당신 또 냉장고에다 쉬했지 !!!!"

정치가가 가져야 할 5감

1. 치고 빠질 줄 아는 박진감

2. 말과 행동에서 나오는 이질감

3. 선거에서 졌을 때 아는 패배감

4. 선거에서 이기고 공약 까먹는 건망감

5. 지고 또 나오는 뻔뻔감

위인들의 대학 졸업 논문

한석봉 : 어둠속에서 떡 써는 방법 연구(공과 계열)

맹자 : 잦은 이사가 자녀 학업에 미치는 영향 (사회과학 계열)

스티븐 스필버그 : 비디오 대여점의 운영과 고객관리(경상계열)

멘델 : 완두콩 제대로 기르는 법 (생명공학 계열)

아인슈타인 : ‘DHA가 함유된 우유’, 언제쯤 만들 수 있나? (농·축산계열)

컴퓨터 속담

1. 컴퓨터상가 강아지 3년이면 펜티엄을 조립한다.

2. 재수 없는 마우스는 뒤로 넘어져도 볼이 빠진다.

3. 원수는 채팅룸에서 만난다.

4. 청계천에서 컴퓨터난다.

5. 도스는 죽었다

6. 내일 컴퓨터의 종말이 온다 해도 바이러스를 만들겠다.

시합

할아버지와 할머니가 살고 있었는데......

이들은 매일마다 싸우면 언제나 할머니의 승리로 끝났다.
할아버지는 어떻게든 죽기 전에 할머니에게 한번 이겨 보는
게 소원이었다.

그래서 생각끝에 할아버지는 할머니한테 내기를 했다.
내용은 즉, "오줌 멀리싸기" 였다.
결국 이들은 오줌 멀리싸기 시합을 하기 시작했다.

그런데 결과는 또 할아버지가 지고 만 것이다.
당연히 오줌 멀리싸기 라면 남자가 이기는 것인데......

시합 전 할머니의 단 한마디!!

"영감! 손대기 없시유~~~~"

변기통과 낚시터

병원에서 치료를 받고 있는 맹구가 변기통에서 신나게 낚시를 하고 있었다.

의사가 와서 말했다.

"고기 잘 잡혀요?"

"당신 미쳤어? 변기통에 물고기가 있어?"

그러자 의사는 드디어 맹구가 정신을 되찾았구나 하고 기뻐했다. 맹구는 의사가 가는 것을 보고 주위를 둘러보더니 이렇게 말했다.

"휴~, 좋은 낚시터를 빼앗기는 줄 알았네."

걸린 사람만 억울

한 신사가 120km로 차를 몰다가 교통 경찰관에게 걸렸다.
그 신사는 자기보다 더 속도를 내며 지나가는 다른 차들을
보고 자기만 적발된 것이 너무 억울하게 생각됐다.
그래서 몹시 못마땅한 눈으로 경찰관에게 대들었다.

"아니, 다른 차들도 다 속도위반인데 왜 나만 잡아요?"

경찰관이 물었다.

"당신 낚시 해봤수?"

"낚시요? 물론이죠."

그러자 태연한 얼굴로 경찰관이 하는 말,

"그럼 댁은 낚시터에 있는 물고기를 몽땅 잡수?"

남편이 불쌍할 때

남편을 독살한 피의자를 검사가 심문하고 있었다.

검사 : "남편이 독이 든 커피를 마실 때 양심의 가책을 조
금도 못 느꼈나요?"

피의자 : "조금 불쌍하다고 생각한 적도 있었죠."

검사 : "그때가 언제였죠?"

피의자 : "커피가 맛있다며 한 잔 더 달라고 할 때요."

애인 버전

30대에 애인이 없으면 : 1급 장애자.
40대에 애인이 없으면 : 2급 장애자.
50대에 애인이 있으면 : 가문의 영광.
60대에 애인이 있으면 : 조상의 은덕.
70대에 애인이 있으면 : 신의 은총.

4대 거짓말

노처녀가 시집 안 간다.
노점상이 밑지고 판다.
노인이 빨리 죽고 싶다.
노태우는 보통사람이다.

여자의 상품가치

10대는 : 쌤플.

20대는 : 신상품.

30대는 : 명품.

40대는 : 정품.

50대는 : 쎄일품.

60대는 : 이월상품.

70대는 : 창고 대방출.

80대는 : 폐기처분 (후일에 희귀품으로 진품명품으로 될 수
있음).

남자를 불에 비유하면

10대 : 부싯돌(불꽃만 일어난다).

20대 : 성냥불(확 붙었다가 금세 꺼진다).

30대 : 장작불(강한 화력에다 새벽까지 활활 타오른다).

40대 : 연탄불(겉으로 보면 그저 그래도 은은한 화력을 자랑
한다).

50대 : 화롯불(꺼졌나 하고 자세히 뒤져보면 아직 살아 있
다).

60대 : 담뱃불(힘껏 빨아야 불이 붙는다).

70대 : 반딧불(불도 아닌 게 불인 척한다).

80대 : 도깨비불(불이라고 우기지만 본 놈이 없다).

부부의 잠버릇

20대 : 포개고 잔다.

30대 : 옆으로 누워 마주보고 껴안고 잔다.

40대 : 천장보고 나란히 누워 잔다.

50대 : 등 돌리고 잔다.

60대 : 각방에서 따로따로 잔다.

70대 : 어디에서 자는지도 모른다.

평준화 시대

40대 : 지식의 평준화

(학벌이 높던 낮던, 많이 알던 모르던, 좋은 학교 나
왔건 안 나왔건 상관없음).

50대 : 미모의 평준화

(옛날에 예뻤던 안 예뻤던 별 차이 없음).

60대 : 성의 평준화

(옛날에 정력이 셌던 안 셌던 차이 없음).

70대 : 재산의 평준화

(재산이 많으면 어떻고 없으면 어떠리).

80대 : 생사의 평준화

(죽은 사람이든 산 사람이든 큰 의미 없음).

아내가 두려울 때

20대 : 외박하고 들어갔을 때.

30대 : 카드 고지서 날아왔을 때.

40대 : 아내의 샤워하는 소리가 들릴 때(고개 숙인 남자라).

50대 : 아내의 곰국 끓이는 냄새가 날 때(곰국 먹는 다고 달
라지겠나).

60대 : 해외여행을 가자고 할 때(떼어놓고 올까봐).

70대 : 이사 간다고 할 때(가는 곳도 알려주지 않고 놔두고
갈까봐).

신혼부부와 입시생의 공통점

매일 밤늦게까지 깨어있고 가끔 코피도 터진다.

혼자 할 때보다 둘이 할 때 능률이 오르고 잘 된다.

몸을 혹사해서 허약해지기 쉽다.

머리와 손을 많이 사용한다.

휴식이 필요하다.

한 가지 일에만 치중하게 돼 단순해진다.

하기 싫다고 게을리 했다가는 욕을 먹는다.

너무 무리해서 하지 말라는 소리를 자주 듣는다.

달력에 특이한 날을 자주 표시한다.

정치인과 개의 공통점

가끔 주인도 몰라보고 짖거나 덤빌 때가 있다.
먹을 것을 주면 아무나 좋아한다.
무슨 말을 하든지 개소리다.
자기 밥그릇은 절대로 뺏기지 않는 습성이 있다.
매도 그 때 뿐 옛날 버릇 못 고친다.
족보가 있지만 믿을 수 없다.
미치면 약도 없다.

신혼부부와 초보 운전자의 공통점

보기만 하면 올라타려고 한다.
아무리 오래 해도 실증이 안 난다.
기술은 서툴어도 힘으로 밀어 붙인다.
남들이 그 시절이 좋은 때라고 말한다.

하늘의 별따기 보다 힘든 것

☺ 앙드레 김에게 ....검은 옷 입히기
☺ 중 머리에.....................꽃핀 꽂기
☺ 장가 간 아들..................내편 만들기
☺ 펀드에 맡긴 돈...............원금 되찾기

선생님 시리즈

☺ 20대 선생님...................어려운 것만 가르친다
☺ 30대 선생님...................중요한 것만 가르친다
☺ 40대 선생님...................이론(원칙)만 가르친다
☺ 50대 선생님...................아는 것만 가르친다

잊었던 첫 사랑이 또 아픔을 주네

- ☺ 잘 살면.........................배 아프고
- ☺ 못 살면.........................가슴 아프고
- ☺ 같이 살자고 하면............머리 아프고

나이가 들면서 같아지는 것

60대 – 많이 배운 사람이나 적게 배운 사람이 같아진다. (많이 잊어버리니까)

70대 – 잘난 사람이나 못난 사람이나 같아진다. (쭈글쭈글해지니까)

80대 – 힘센 사람이나 약한 사람이 같다.

90대 – 병원에 입원한 사람이나 집에 있는 사람이 같다.

100대 – 살아있는 사람이나 죽은 사람이나 같다.

긍적적인 면을 보는 사람들

우유부단하다 – 부드럽다

고집이 세다 – 소신 있다

소심하다 – 신중하다, 사려 깊다

덜렁거린다 – 밝고 명랑하다

까다롭다 – 꼼꼼하다, 치밀하다

우울하다 – 차분하다

직선적이다 – 솔직하다, 결단력이 있다

변덕쟁이다 – 감성이 풍부하다

잘난 척한다 – 아는 게 많다

뻔뻔하다 – 배짱이 두둑하다

과자류

☺ 한밤 친구들이 들어닥쳐 할수 없이 내놓는 과자는?

　왜와스

☺ 나이트에서 못생긴 아저씨가 찝쩍댈때 먹는 과자는?

　애이써

　오! 예수

☺ 고개숙인 남편을 위해서 마누라가 힘내라고 주는 과자
는?

　새워깡!! (더 강한 걸 원하시면 매우새워깡!)

한국인의 급한 성격

외국인 : 자판기의 커피가 다 나온 후 불이 꺼지면 컵을 꺼
　　　　 낸다.
한국인 : 자판기 눌러놓고 컵 나오는 곳에 손을 넣고 기다린
　　　　 다.

외국인 : 인도에서 '택시' 하며 손을 든다.
한국인 : 도로로 내려가 택시를 따라서 뛰어가며 차문 손잡
　　　　 이를 잡고 외친다. 철산동!

외국인 : 그 영화 어땠어? 연기는? 내용은?
한국인 : 아 그래서 끝이 어떻게 되는데?

나이가 들었다고 느낄 때

1. 압구정동 거리를 돌아다녀도 아는 사람을 한 사람도 만나
   지 못할 때.
2. 크리스마스 이브의 귀가시간이 초저녁일 때.
3. 택시운전기사 아저씨와 자연스럽게 대화가 통할 때.
4. 철 지난 옷을 입고서도 남의 눈치를 보지 않을 때.
5. 노래방 선곡목록의 최신란에서 아는 노래를 찾을 수 없을
   때.
6. <가요무대>나 <전국노래자랑>프로를 재미있어 할 때.
7. 몸에 좋다는 음식이나 약 이야기가 들리면 귀가 솔깃해
   질 때.
8. 군인들을 더 이상 아저씨가 아니라고 느끼기 시작했을 때.
9. 미스코리아 선발대회에 나온 여자들이 어리다는 것을 느
   끼기 시작할 때.
10. 위의 글을 읽고 고개를 끄덕이며 "맞아. 맞아" 할 때.

여자는 스포츠에 약하다

경석이는 만 미터 달리기 경기 중계를 보고 있었고, 엄마는
거실청소를 하고 있었다.

누나가 방에서 나오더니 엄마에게 물었다.

"엄마 지금 무슨 경기해?"

엄마가 대답했다.

"글쎄. 계속 뛰는 것을 보니까 마라톤인가 봐."

경석이는 엄마의 대답을 듣고 애써 웃음을 참았다.

누나의 한 마디에 더 이상 웃음을 참을 수 없었다.

누나가 엄마에게 물었다.

"그럼 몇 대 몇이야?"

여자는 스포츠에 약하다

세대별 주부의 변화

☺ **남편의 생일날**

20대 : 남편을 위한 선물과 갖가지 이벤트를 준비한다.
30대 : 고급 레스토랑에 나가서 외식을 한다.
40대 : 하루 종일 미역국만 먹인다.

☺ **남편이 뜨거운 눈길로 쳐다보며 사랑한다고 말했다.**

20대 : 정말야? 나두 자기 이~따 만큼 사랑하는거 알지?
30대 : 저 두 사랑해요. 여보.
40대 : 나 돈 없수!

☺ **남편이 외박을 했다.**

20대 : 너 죽고 나 살자고 달려든다.
30대 : 일 때문에 야근을 했겠지 하며 이해하려 든다.
40대 : 외박했는지도 모른다.

세계인의 유머감각

프랑스인 : 유머를 다 듣기 전에 웃어버린다.

영국인 : 유머를 끝까지 다 듣고 웃는다.

미국인 : 유머를 다 듣고도 웃지 않는다.

독일인 : 유머를 듣고 다음날 아침에 웃는다.

한국인 : 유머 내용도 모르고 남 따라 웃는다.

일본인 : 유머를 잘 듣고 그대로 모방한다.

중국인 : 유머를 다 듣고도 못들은 척 한다.

아버지와 아들

아들 : "아빠 나 100원만"

아버지 : "100원은 뭐하게"

아들 : "고무줄 사려구"

아버지 : "고무줄은 뭐하려구"

아들 : "새총 만들지"

아버지 : "새총은 만들어서 어디에 쓰려구"

아들 : "새 잡으려구"

아버지 : "새는 잡아서 뭐해"

아들 : "팔지"

아버지 : "새는 팔아서 뭐해!"

아들 : "고무줄 사려구"

아버지 : "고무줄은 모하러! 사?"

아들 : "새총 만들게"

아버지 : 이런 이거 미친놈 아니야... 아버지는 아들을 정신
　　　　병원에 넣었다

10년 후......

아들 : "아버지 저 4000만원만 주세요"

아버지 : "4000만원으로 뭐하려구"

아들 : "차 사려구요"

아버지 : "차는 왜?"

아들 : "여자꼬시려구요 "

아버지 : (감격한다) "이제야 이놈이 제정신으로 돌아왔구
　　　　　먼......"

아버지 : "그래 여자를 꼬셔서 뭐하는데"

아들 : "여관에 데려가야지"

아버지 : "그 다음에는 뭘하지?"

아들 : "옷을 벗겨야죠"

아버지 : "그리구나서..."

아들 : "물론 팬티를 벗겨야지!!!"

아버지 : "팬티는 왜 벗기는데?"

.

.

.

아들 : "고무줄 빼서 새총 만들게......"

고양이와 쥐

쥐가 고양이에게 잡힐 듯 말듯 아슬아슬한 레이스.

그런데 막다른 길에서 쥐가 그만 쥐구멍 속으로 들어가 버렸다.

다잡은 쥐를 코앞에서 놓친 고양이, 쥐구멍 앞에 쪼그리고 앉아 잠시 숨을 고르더니

갑자기 "멍멍! 멍멍멍!!" 하고 짖는 것이 아닌가.

"이 녀석이 벌써 갔나?" 궁금증을 참지 못하고 구멍 밖으로 머리를 내민 쥐. 결국 날쌘 고양이 발톱에 걸려들고 말았다.

"비겁하게 사기를 치나?"

"사기라니! 요즘 같은 불경기에 먹고 살려 2개 국어는 기본이지."

물은 영어로?

초등학생인 사오정네 반에서 영어시험을 봤다.
영어시험 문제는 '물은 영어로 무엇일까요?'

엽기적인 대답들이 많이 나왔다.
'H2O'

한 학생은 이렇게 썼다.
'MUL'

그런데 선생님은 사오정의 답을 보고 뒤집어졌다.
'물은 셀프' ㅋㅋㅋ

어떤 남자의 독백

오늘 아침 옷 입다가 단추가 떨어졌다.
서류 가방을 들었는데 손잡이가 떨어졌다.
그리고 문을 열려고 갔는데 문고리가 또 떨어졌다.
차에 탔더니 손잡이가 떨어졌다.

그리고 나는 지금... 오줌 싸는 게 두렵다. ㅋㅋㅋ

무서운 엄마

백화점에서 한 아이가 예의바르게 엄마에게 꼬박꼬박 존댓말
을 썼다.

"어머님. 장난감 좀 사주시면 안되겠습니까?"

어머니도 교양있게 아이한테 존댓말을 썼다.

"안 돼요. 오늘은 장난감을 사러 온 게 아니잖아요?"

아이가 떼를 쓰자 어머니가 아이를 달래면서

"엄마가 밖에서 이렇게 떼쓰면 집에 가서 어떻게 한댔죠?"

그러자 아이가 하는 말.

"죽인댔어요..."

끝말잇기

할머니와 할아버지가 신나게 끝말잇기 게임을 하고 있다.

할머니 : 한양

할아버지 : 양식

할머니 : 식칼

할아버지 : 칼슙

할머니 : 음....슙....슙..슙이라..

한참을 고민하던 할머니께서 목소리에 힘을 주고 말했다.

.

.

.

"슙구녕!"

사오정이야기

한 사람이 면접시험장에 갔다.

면접관이 사오정에게 물었다.

"영어는 할 줄 아십니까?"

"예 당연하죠"

면접관이 계속해서 질문했다.

"그럼 '김대리좀 바꿔주세요' 를 영어로 해 보세요"

"Mr. Kim please"

마지막으로 면접관이 물었다.

"그럼 통화중을 영어로 해보세요"

                      :

"뚜뚜뚜뚜~~~~"

도둑

두 명의 도둑이 빈 집을 털려고 담을 넘어가는데 개가 심하게 짖어댔다.

도둑1 : 괜찮아. 짖는 개는 절대 물지 않는다는 속담이 있잖아. 두려워 하지말고 넘어 가자구!

도둑2 : 나도 그 속담은 알고 있지만, 문제는 과연 저 개가 그 속담을 알고 있나 모르겠네...

남자와 여자

1. 쇼핑

여자 : 필요없는 2만원짜리 물건을 1만원에 사온다.

남자 : 꼭 필요한 1만원짜리 물건을 2만원에 사온다.

2. 3명이 모이면

여자 : 접시가 깨진다.

남자 : 다른 여자 3명을 찾는다.

3. 무인도에 간다면 필요한 것

여자 : 남자가 아는 물건 10여가지, 남자가 모르는 물건
　　　약 1000가지

남자 : 여자, 그리고 좀 더 어린 여자

4. 거울을 보면

여자 : 다이어트 해야 되겠어. 눈도 좀 고치고 싶고 코도
　　　고치고 싶고......

남자 : 나 정도면 잘생겼음 ㅋㅋ

5. 키

남자 : 180이나 160이나 우주에서 보면 같은 먼지인데 키
　　　　가 중요함?

여자 : 우주에서 너님 볼일 없음...

6. 여행

여자 : 사진 많이 찍어서 싸이에 올려야 되고, 맛있는 것
　　　　도 많이 먹고, 모래사장에 내 이름도 써야 되고 하
　　　　고 싶은게 너무 많아.

남자 : !! 그러니까 이 섬들 중에서 골라봐.

7. 축구하는 여자

여자 : 자기가 좋아하는 일을 남들 의식하지 않고 한다는
　　　　게 멋짐.

남자 : 그래서... 예뻐?

8. 소개팅 할 때 필요한 것

여자 : 옷, 구두, 악세사리, 향수 등등 남자가 모르는 100
　　　　여 가지

남자 : 돈

9. 고백에 필요한 것

여자 : 없음. 굳이 있다면 독한 마음가짐

남자 : 꽃다발, 선물, 꽃으로 만든 길, 곰인형, 반지 그리고
　　　 위로해 줄 친구

10. 사랑의 함수

여자 : 처음에는 좋아하는 마음이 작다가 점점 커지는 J
　　　 형 그래프

남자 : 처음에는 100만큼 좋아한다면 점점 0에 수렴함

11. 이별

여자 : 슬픔이 짧고 강하게 지나감. 그리고 다음부터 사
　　　 랑했던 기억을 격하게 지우려고 노력함.

남자 : 술로 미쳐감. 사랑했던 순간을 잊지 않으려고 발
　　　 버둥 침 하지만 잊혀짐.

12. 이별 후에

여자 : 가끔 생각은 하긴 함. 하지만 과거는 과거일 뿐,
　　　 그 이상도 그 이하도 아님.

남자 : 가끔 술 먹고 우는 새끼는 옛날 여자친구 생각하
　　　 는 애들임 이때 핸드폰을 들고 나간다면 무조건 말
　　　 려야 함.

어부와 부자

한 부자가 바닷가를 거닐다가 고기는 잡지 않고 빈둥거리는
어부를 발견했다.
 "이보시오 왜 물고기를 잡지 않고 빈둥거리고 있소?"
 "오늘 하루치 물고기는 다 잡았기 때문이라오"
 "아니 그럼 왜 더 잡지 않소?"
 "더 잡아서 무얼한단 말이오?"
 "물고기를 더 잡아서 돈을 더 많이 벌면 더 좋은 그물을 사
고 그 그물로 더 깊은 물고기를 잡으면 비싸게 팔아서 그 돈
으로 더 좋은 배를 사고 그 배로 더 먼 바다까지 나가서 물
고기를 잡다보면 나처럼 금방 부자가 될게 아니오?"
 "부자가 되어서 뭘한단 말이오?"
 "이렇게 여유가 생겨서 한가해질 수가 있지"
그러자 어부가 답했다.

내가 지금 그렇잖소...

성공 100% 신개념 헌팅법

남자 : 안녕하세요~ 혹시 우리 어디서 만난적 있죠?

여자 : (어머 뭐야 촌스럽게..) 아닌거 같은데요~

남자 : 아? 잠시만요 혹시 서울대학교 학생 아니세요?

여자 : (잉?) 아닌데요 사람 잘못보셨는데요. ㅎ

남자 : 어;; 그럼 혹시 집이 청담동쪽이세요?

여자 : (어라?) 어머나^^; 아니에여~ 혹시 딴데서 봤나;;;;
　　　ㅎㅎ

남자 : 아... 죄송합니다. (반쯤 돌아서다가) 아 정말 죄송한
　　　데여 제가 혹시나 해서 여쭙는건데 혹시 사법연수원
　　　51기세여?

여자 : 부왘!!!!!!!!!!!!!!!

엄마의 자장가

버스에 탄 엄마가 아기가 칭얼대자
자장가를 들려주었다.
"잘자라~ 우리아가!
내 귀여운 아기
~꽃같이 예쁜~ "♫

그러자, 여기저기서 들려오는 사람들의 절규.

.

.

.

"제발, 그냥 애가 울게 놔두세요!!!"

우우선 초초인종을 누누누루고...

성경책 판매원을 모집하는 광고에
한 남자가 응모하여 면접시험을 보았다.

"저저는 서서성경책 파파판매원이 대대되고 싶습니다"

당연히 면접관은 이 사람의 판매능력을 믿을 수가 없었다.
하지만 얼마 지나지 않아 주위 사람들의 경악 속에
말 더듬이의 판매신장율은 하늘을 찌를 듯이 올라가고 그 회
사에서 성경책을 제일 많이 판 사람이 되었다.

얼마 후 회사에서는
그 사람의 판매방법을 강연할 수 있는 기회를 주었다.

"이이건 아아주 가가간단합니다.
우우선 초초인종을 누누누루고 사사사람이 나나오면 이이렇
게 마말합니다.
서서성경책을 사사시겠습니까?

196

아아니면 제제제제가 드드들어가서 이이읽어 드드드릴까
요?”

웃기는 놈이 더 나빠~

어느 날 교수님이 강의를 하려고 돌아서자
학생들이 마구 웃어대는 것이었다.
교수님의 바지가 터져 빨간 팬티가 다 보이는 것이었다.
그것도 모르는 교수님은
"조용히 하세요." 하고 주의를 주었다.

그런데도 학생들이 계속 웃어대자 교수님이 근엄하게 말씀하
셨다.

"계속 웃는 놈도 나쁘지만,... 계속 웃기는 놈이 더 나
빠." ...*^^*

여자의 심각한 증상과 의사

한 여자가 의사를 찾았다.
"선생님! 저에게는 이상한 병이 있어요! 항상 방귀를 계속 뀌는 버릇이 있는데 참 이상한건 제 방귀는 아무 소리도 나지 않고 또 전혀 냄새도 나지 않는 특징이 있어요. 선생님도 전혀 모르시겠지만 지금 여기 들어온 이후로 한 열 번은 뀌었을 거예요!"

심각하게 듣고 있던 의사가 말했다.

"알겠습니다. 심각하군요. 우선 이 약을 먼저 드셔 보시고 일주일 후에 다시 오십시오."

일주일 후에 여자는 의사를 찾아와 따졌다.
"선생님! 도대체 무슨 약을 지어 주셨길래 병이 낫기는 커녕 이제 제 방귀에서 심한 냄새가 나죠? 뭔가 잘못된 것 같아요!"
그 말을 듣고 의사는 말했다.
"자! 코는 고쳤으니 이번엔 귀를 고쳐 봅시다!"

여고동창생의 우연한 만남

여고시절 라이벌 관계였던 두 동창생이 거리에서 만났다.

A : "우리 남편은 아주 자상해서, 다이아몬드가 더러워지니
　　까 새것으로 사주더라!"

그러자 친구가 말했다.

B : "어머, 아주 환상적이구나!"
A : "그 뿐이 아냐, 우린 두 달에 한 번씩 외국 여행을 가기
　　로 했어. 근데 넌 요즘 뭐하고 지내니?"
B : "화술학원 다니고 있어~."
A : "화술학원에서 뭘 배우는데...?"
B : "품위있게 말하는 법을 배우는데... '꼴값 떠네' 라는 말
　　대신 '아주 환상적이구나' 라는 말로 바꾸는 방법을 배
　　우고 있지~."

현장검증

과부 집에 도둑이 들어와 물건을 몽땅 싸 들고 나가려고 했다. 그러자 과부가 말했다.

"물건만 가져가면 어떻게 해?"

도둑은 과부를 즐겁게 해주고 달아났다.
그런데 이 도둑이 경찰에 잡혀 강도 강간죄로 기소돼 과부가 경찰에 참고인으로 불려가 조사를 받았다.
조사를 끝낸 후 경찰은 과부를 돌려보냈는데 과부가 가지 않고 경찰서 앞마당에서 머뭇거리고 있었다.

경찰관이 나와서 조사를 마쳤으니 돌아가도 된다고 하니 과부가 수줍은 듯 물었다.

"…현장 검증은 언제 합니까?"

카드게임

호랑이와 개가 카드 게임을 했는데, 늘 호랑이가 이기고 개
는 한 번도 이기지 못했다. 개가 호랑이에게 비법을 물었다.

"호랑이야, 넌 어떻게 하기에 늘 이기니?"

그러자 호랑이가 대답했다.

"응, 별거 없어. 넌 카드가 잘 들어오면 본능적으로 꼬리를
흔들잖아."

새겨서 들어야지~

몹시 추운 어느 겨울, 실연의 슬픔에서 헤어나지 못하던 한 총각이 자살을 결심하고 어느 바닷가의 유명한 자살바위를 찾았다.

절벽에서 뛰어내리려던 총각은 '다시 한 번 생각해 보라' 는 바위 옆 경고판을 보고 곰곰이 생각한 끝에 다시 한 번 살아 보기로 마음을 바꾸고 역으로 갔지만 늦은 시각이라 이미 차편이 모두 끊겨 있었다.

할 수 없이 허름한 여관방에서 밤을 보내게 된 총각.
막 잠이 들려는데 여관집 아주머니가 밖에서 조용히 물었다.

"손님, 불러주까예?"

"에이, 됐어요."

한참 후 아주머니가 다시 물었다.

“불러주까예?”

“아주머니 저 그런 사람 아니에요. 괜찮으니까 그냥 내버려 두세요.”

밤새도록 추운 눈바람이 몰아친 다음 날 아침, 총각은 여관 방에서 싸늘하게 얼어 죽은 채로 발견됐다.

같이가 처녀

이제 40대에 접어든 삼순이가 집을 향하여 부지런히 길을 걷고 있는데 뒤에서 어떤 남자의 목소리가 들렸다.

"같이 가 처녀~ 같이 가 처녀~"
'내가 아직도 처녀처럼 보이나. 내 뒷모습이 그렇게 예쁜가?'

누군지 보고 싶었지만 이 남자가 실망할까봐 차마 뒤돌아보지 못했다.
이윽고 집에 돌아온 삼순이가 계속 싱글벙글하니 중학교 다니는 아들이 물었다.

"엄마, 오늘 무슨 좋은 일 있었어요?"

"아까 집으로 오는데 어떤 남자가 날보고 처녀라고 그러더라."
아들은 믿기지 않는 듯...

“잘못 들은 건 아니고요?”

삼순이가 정색을 하며...

“아냐. 분명히 처녀라고 했어. 하여튼 남자들은 예쁜 건 알
아가지구…”

다음날 삼순이가 집으로 오는데 그 남자 바로 옆을 지나게
되었다.

그때 그 남자가 생생하게 외치는 소리...
.
.
.

“갈치가 천원~ 갈치가 천원~”

유전과 환경이 인간 생활에 미치는 영향

유명 여대 생물학 수업시간.
교수님께서 '유전과 환경이 인간 생활에 미치는 영향' 에 대하여 열강 중이셨다.

"자, 자. 좀 어렵긴 하겠지만 먼저 누가 '유전' 과 '환경'의 차이에 대하여 말해보세요. 발표점수 드립니다."

다들 시선을 내리깔고 있는데, 점수에 눈 먼 삼순이가 벌떡 손을 들고서 당차게 대답했다.

"교수님! 조만간 제가 결혼해서 아이를 낳게 되었을 때, 그 아이가 저를 닮는다면 유전이고 그 아이가 옆집 남자를 닮는다면 환경의 영향 때문입니다!!"

완벽한 내인생

내 통장 잔액이 29만원 있는 걸 확인했으니,
이제 전두환에게 재테크만 배우면 내 인생은 완벽해.

해결사

김목사님은 신경 쓰는 일이 있으면 잠이 오지 않았다.
새벽 3시인데 일어나 서성거리는 남편을 보고 아내가 물었다.

 "여보, 지금이 몇신데 아직도 안자고 그래요?
 뭐 땜에 잠을 못 자는 거예요?"

김목사님이 입술을 지긋이 물으시더니
아내에게 고백한다.

 "여보…
사실 내가 옆집 삼수에게 돈을 1000만원 빌렸거든~?
그런데 그걸 갚는 날이 바로 내일인데 근데 내가 돈이 있어
야 말이지!"

남편의 이 말에 아내는 새벽 그 시각에 벌떡 일어나더니 창
문을 활짝 열어 제치고는 소리를 치는 거였다.
 "삼수씨 ~! 삼수씨이 ~!!"

깊은 잠을 자다가 8옥타브 올라간 목소리로 자기를 부르는
소리에 놀래서 잠을 깬 삼수가 몸을 휘청거리며 간신히 창문
을 열고 물었다.

“무슨 일이오? 이 밤중에...”

아내는 큰 소리로 말했다.
“울 남편이 당신한테 갚을 돈 1000만원 있다면서요?
근데요~~~ 이 사람 돈이 없대요. 알아들었어요?
잘 알았냐구요?”

이렇게 너무나 당당하게 말한 아내는 창문을 탕~ 닫아 버리
고는 …

남편에게 말 했다.
“자 ~
이제 잠 못자고 서성거리는 짓은
삼수에게 하라고 하고 당신은 편히 주무세요!!”

210

입장 차이

* 남의 흰 머리는 조기 노화의 탓, 내 흰 머리는 지적 연륜
  의 탓.
* 남이 천천히 차를 몰면 소심운전, 내가 천천히 몰면 안전
  운전.
* 남의 남편이 설거지하면 공처가, 내 남편이 설거지 하면
  애처가.
* 며느리는 남편에게 쥐어 살아야 하고, 딸은 남편을 휘어잡
  고 살아야 한다.
* 남의 자식이 어른에게 대드는 것은 버릇없이 키운 탓이고,
  내 자식이 어른에게 대드는 것은 자기주장이 뚜렷하기 때
  문이다.
* 사위가 처가에 자주 오는 것은 당연한 일이고,
  내 아들이 처가에 자주 가는 것은 줏대 없는 일이다.
* 남이 각자 음식 값을 내자고 제안하는 것은 이기적인 사고
  방식이고,
  내가 각자 음식 값을 내자고 제안하는 것은 합리적인 사
  고방식이다.

중고차

맹구가 자신의 오래된 차를 팔려고 했다.
하지만 맹구의 차는 25만㎞나 달린 헌차라서 아무도 사려고
하지를 않았다.

맹구가 친구에게 고민을 얘기하자 친구가 말했다.

"한가지 방법이 있긴 한데, 이건 불법이야."

"괜찮아! 차만 팔 수 있으면 돼!"

"좋아, 그럼 이 사람에게 연락해 봐. 내 친구인데, 자동차
정비소를 하거든."
내가 소개했다고 하면 숫자를 5만으로 고쳐줄 거야.
그럼 팔기 쉬워질거야.
몇 주 뒤에 친구가 맹구에게 전화를 했다.

"차 팔았니?"
"아니. 왜 차를 팔아? 이제 5만㎞밖에 안됐는데?"

너도 내 나이 돼봐

늙은 나무꾼이 나무를 베고 있었다.

개구리 : 할아버지

나무꾼 : 거, 거기… 누구요?

개구리 : 저는 마법에 걸린 개구리예요.

나무꾼 : 엇! 개구리가 말을??

개구리 : 저한테 입을 맞춰 주시면 사람으로 변해서 할아버
지와 함께 살 수 있어요. 저는 원래 하늘에서 살던
선녀였거든요.

그러자 할아버지는 개구리를 집어 들어 나무에 걸린 옷의 호
주머니에 넣었다.

그러고는 다시 나무를 베기 시작했다.

개구리 : 이봐요, 할아버지! 나한테 입을 맞춰 주시면 사람이
        돼서 함께 살아드린다니까요!

나무꾼 : 쿵! 쿵! (무시하고 계속 나무를 벤다)

개구리 : 왜 내 말을 안 믿어요? 나는 진짜로 예쁜 선녀라고
        요 !

나무꾼 : 믿어.

개구리 : 그런데 왜 입을 맞춰 주지 않고 나를 주머니 속에
        넣어두는 거죠?

나무꾼 : 나는 예쁜 여자가 필요 없어. 너도 내 나이 돼 봐.
        개구리와 얘기하는 것이 더 재미있지.

공처가의 유언

평소 아내 앞에서 오금도 못 폈던 공처가가 시름시름 앓다가
병이 깊어져서 죽을 때가 되었다.

남편 : 여보, 나는 이제 얼마 못 살 것 같으니까 유언을 받
　　　아 적으시오.

아내 : 왜 자꾸 죽는다고 그러는 거예요?

남편 : 내가 죽은 다음에 당신은 부디 김 사장과 재혼을 해
　　　주길 부탁하오.

아내 : 김 사장이라는 작자는 당신과 동업을 하면서 당신 회
　　　사를 망하게 한 원수 아니에요?

남편 : 맞아. 그 놈이야! 그 놈에게 원수를 갚는 방법은 그
　　　것 뿐이야.

저승 가서 알게 된 기막힌 사연

기가 막혀 죽은 사람과 얼어 죽은 사람이 저승에서 만나 서
로가 죽게 된 사연을 털어 놓았다.

먼저 기가 막혀 죽은 사람이 말했다.

"마누라가 바람을 피우는걸 알아내고 내가 밖에서 망을 보
는데 어떤 놈이 우리 아파트로 들어가더라구요.
그래서 내가 바로 뒤쫓아가서 들이 닥쳤지만 있어야 할 놈이
없는 겁니다!
침대 밑, 옷장 안, 베란다……
어딜 뒤져도 그놈이 없는 거예요.

하도 기가 막혀서 이렇게…… 죽고 말았습니다."

그러자 얼어죽은 사람이 무심코 한마디 했다.

"혹시…… 김치 냉장고 안도 뒤져봤소?"

마지막 이야기

어느 아파트의 고즈넉한 저녁
고단한 하루 일정을 마치고 퇴근한 해병대출신 남편이
밥상을 앞에 놓고 투덜거렸다.

"여보! 오늘따라 밥이 너무 되잖아!"

그러자 곧바로 아내가 반격을 개시했다.

.

.

"안되면 되게 하라매..."

목사님의 숨겨놓은 설교실력

새로 부임해 온 목사님이 미남인데다
교인들을 대하는 태도가 부드러워 교인들
모두에게 호감을 샀습니다.

그런데 딱 한 가지 좋지 못한 평을 듣는
것이 있었습니다. 그것은 설교를 더듬더듬
하신다는 것입니다. 설교를 듣는 교인들은
갑갑함을 금할 수 없을 정도로 한 마디
한 마디 힘들게 설교했습니다.

그러던 어느 날 목사님의 설교가 유창하고
청산유수같이 하자 교인들이 감명을 받았습니다.

“목사님 왜 실력을 숨기시고 계셨습니까?”
한 교인이 말하자. 그 목사님이 하시는 말씀,

“아침에 제 틀니인 줄 알고 제 아내의 틀니를 꼈는데
나도 모르게 따발총처럼 쏟아져 나오는 겁니다.”

김밥도 김 나름

전국에서 한 가닥씩 하는 유명한 김밥들이 모여서 100M 달리기 시합을 했다.

출발신호가 울리고 각 김밥들이 가문의 영광을 위해 혼신의 힘을 다하여 달렸다.

그런데 김밥하나가 달리다가 옆구리가 터져버렸다.

하지만 밥, 단무지, 시금치, 계란, 맛살, 햄, 참깨는 시합을 포기하지 않고 서로가 하나가 되어 달렸다.

한참을 달리다가 단무지가 뒤돌아보니 김이 달리지 않고 바닥에 가부좌를 틀고 앉아 있었다.

단무지가 다급한 목소리로
"김아!! 빨리 뛰어!!"

김이 말했다.
"안돼~! 난 양반김이야!!"

개미와 지네

하루는 개미와 지네가 같이 밥을 먹으러 한식당에 갔답니다.

둘은 편하게 먹고 싶어서 방으로 들어가 맛있게 밥을 먹었습니다.

밥을 다 먹고 나서 소화도 시킬겸 담배를 피우려는데...

담배가..........똑 떨어진 거예요.

할 수 없이 둘은 가위 바위 보를 해서
담배 사러 가기로 했답니다.

"가위 바위 보!!!"

마침내 개미가 이겨 지네가 담배 사러가게 되었는데...
한 시간을 기다려도 지네가 오질 않았답니다.

“이기 미친나 와이리 안오노?”
하고 방문을 열어본 순간...아뿔싸!!!

지네는..........헉 헉~~~거리면서
“스물 여섯,~~ 스물 일곱.....”
그때까지 지네는 신발을 신고 있었더래요...

할 수 없이 착한 개미는 지네에게 방에
들어가 있으라고 하고
자기가 담배를 사러 갔습니다.

근데 또 한 시간을 기다려도 개미가
돌아오질 않는 겁니다.

지네가 하도 이상해서 문을 열어보는 순간~~~

개미는.....어머나!~!!
(신발을 신으면서)
“이것두 지네 꺼....이것두 지네 꺼...이것두 지네 꺼...”

(온통 지네 신발 뿐이네)
...개미 신발 좀, 찾아주~~~세~~~~여!!!!

환자 셋

작은 마을에 어느 의사가 사냥을 하기로 하고
조수에게 일렀다.

 "내일 하루 사냥을 다녀 올테니까 자네가 환자를
좀 봐 주게나"

의사는 사냥을 끝내고 돌아오자, 조수는
환자 세 사람을 봐줬다고 했다.

 "첫 번째 환자는 골치가 아프다기에 타이레놀을 처방했고
두 번째 환자는 속이 쓰리다기에 제산제를 처방해 줬습니
다"

 "잘했군! 그럼 세 번째 환자는?"

 "별안간 문이 활짝 열리더니 어떤 여자가 들어오더군요. 그
여자는 속옷까지 모두 벗어 던지고는 테이블로 올라가 소리
치는 것이었어요. '나좀 봐줘요! 2년도 넘게 남자를 보지 못

했어요!’ 라고요..”

“맙소사,   그래서, 그래서 어떻게 했어?”

“눈에다가   안약을 넣어 줬지요”

직업은 못 속여

학생 둘이 싸우는 것을 본 교수들의 반응을 살펴보자...

경영학과 교수님
>이봐, 싸우면 양쪽다 손해다.

의류환경학과 교수님
>옷 찢어질라...

행정학과 교수님
>경찰불러~!

응용통계학과 교수님
>쟤들은 일주일에 한 번꼴이니.. 쯧쯧

아동학과 교수님
>애들이 배울라~

신방과 교수님

>남들이 보고 있다는거 모르나?!

중어중문학과 교수님

>초전박살! 임전무퇴!

신학과 교수님

>회개기도 합시다...아버지...

영문학과 교수님

>Fighting!!

경제학과 교수님

>돈 안 되는 녀석들...

식물학과 교수님

>박터지게 싸우네.

축산학과 교수님

>저런, 개만도 못한 넘덜...

법학과 교수님

>느그덜 다 구속감이다!!

사진학과 교수님

>니들 다 찍혔어 이놈들아...

식품영양학과 교수님

>도대체 저것들은 뭘 쳐먹었길래 만나기만 하면 저 난리이
 야?!

러시아어학과 교 수님

>쓰발노무스키...

건축학과 교수님

>저 자식들은 도대체 기초가 안 돼있어...기초가!

광고학과 교수님

>여러분들...저 녀석들 함 보세요~!

미생물학과 교수님

>저런, 저런 썩을 넘들 같으니라고...

토끼와 곰의 소원

아주 먼 옛날에 숲 속에 소원을 들어주는 신령이 살고 있었
다. 신령에게 소원을 빌기 위해 토끼와 곰이 찾아갔다.
신령 : 그래~ 너희들의 소원은 무엇이냐? 딱 3가지만 말해
　　　보　아라! 우선 첫 번째 소원이 무엇이냐?
곰 : 이 마을의 모든 곰들을 암컷으로 만들어 주세요!
토끼 : 성능이 좋은 오토바이 한대만 주세요.

신령 : 오냐 들어주마!!!그럼 두 번째 소원은 무엇이냐?
곰 : 이 숲의 모든 곰들을 암컷으로 만들어 주세요!
토끼 : 단단한 헬멧 하나만 주세요.

신령 : 그것도 들어주지! 자! 그럼 마지막 세 번째 소원은
　　　무　엇이냐?
곰 : 이 세상의 모든 곰들을 암컷으로 만들어 주세요!

그러자 토끼가 오토바이를 땡기며 헬멧을 쓰고는 씨~~익 웃
으며 말했다.

토끼 : 저 ㅅ ㅣ ㅋ ㅣ, 호모로 만들어 주세요

토끼 : 저 ㅅ ㅣ ㅋ ㅣ, 호모로 만들어 주세요

함 맞춰봐요

철수가 시험문제를 푸는데 웬 새의 발가락 사진이 실리고는
새의 이름을 맞히라는 문제가 나왔다.

철수, 어이가 없어 시험관 앞으로 걸어 나가 따졌다.
 "아니, 발만 보고 어떻게 새의 이름을 맞히라는 겁니까?"

시험감독이 철수를 노려보며
 "공부시간에 딴 짓 했으면 그만이지 무슨 말이 많나?
학생 이름이 뭔가?"

그러자, 철수, 발을 교탁위에 딱~! 올려놓으며

 "함 맞춰봐요~!!"

할아버지의 말씀

아버지 : 아버지 더 있다가 가시지 그러세요?

할아버지 : 아니다. 많이 있었단다. 우리 철수 오는 것만 보
고 갈련다.

(철수등장!)

아버지 : 철수야 왜 얼굴이 죽을상이냐?

아들 : 우쒸~ 다른 아이들은 토요일만 되면 아빠, 엄마가 데
리러 오는데... 저만 혼자 오잖아요~!

아버지 : 요즘 애들은 정신이 글러먹었어! 아빠 어릴땐 2km
도 걸어 다녔어.! 아버님 그 이야기 철수에게 한번
해주세요.

할아버지 : 허허~그럴까? 이 할애비가 어릴땐 집에서 가까
운 학교도 십리가 넘었단다.

아버지 : 굉장히 멀었네요

할아버지 : 그래서.. 안갔어~

엄마의 비애

어젯밤 엄마와 함께 TV를 보던 중 성형수술에 대한 얘기가
나왔다.

갑자기 뭔가 생각나는 것이 있어 엄마에게 말했다.

"엄마, 10개월 동안 고생해서 낳은 자식이 저렇게 못생기면
얼마나 속상할까?"

그러자 엄마가 나를 한참 쳐다보더니 말했다.

"이제야 내 맘을 알겠니?"

덧셈

선생님 : "자, 톰, 톰이 지금 6달러를 가지고 있고, 엄마에게
2달러를 달라고 말했습니다. 자, 이제 톰은 몇 달러
를 갖게 되는거죠?."
톰 : "6달러입니다."
선생님 : "으음, 아직 톰은 덧셈을 잘 모르는 것 같네요."
톰 : "선생님은 우리 엄마를 잘 모르는 것 같아요."

게으른 아들

아들 : "아빠! 물 좀 갖다 주세요."
아빠 : "냉장고에 있으니 갖다 먹으렴"

아들 : "아빠! 물 좀 갖다 주세요."
아빠 : "네가 직접 가서 마시라니까."

아들 : "아빠! 제발 물좀 갖다 주세요."
아빠 : "(화를 내며) 갖다 먹어!
　　　 한번만 더 부르면 혼내 주러 갈거야."

．

．

．

아들 : "아빠! 저 혼내 주러 오실 때 물 좀 갖다 주세요."

부부싸움

자정이 훨씬 넘어 경찰이 야간순찰을 하는데
잠옷 바람의 꼬마가 고개를 푹 숙이고 집앞에 앉아 있었다.

경찰은 이상해서 꼬마에게 물었다.

경찰 : "얘, 너 여기서 뭐하니?"
꼬마 : "엄마, 아빠가 싸워서 피난 나온 거예요.
물건을 막 집어던지고 무서워 죽겠어요."

경찰 : "쯧쯧, 너의 아빠 이름이 뭔데?"

．
．
‥

꼬마 : "글쎄, 그걸 몰라서 저렇게 싸우는 거예요."
경찰 : "헉,,,"

결혼의 힘

갓 결혼한 남자가 친구들을 만났다.

"결혼이라는 것으로 나의 인생관이 이렇게 달라질진 몰랐
어..."

"대체 뭣땜에 그러는데..."

"응, 결혼 전에 이 세상 모든 여자들이 다 좋았어...
근데, 지금은...."

"지금은??"

.
.
.
.
.

"지금은 한 명 줄었어..."

착각

아줌마 – 화장하면 다른 사람 눈에 예뻐 보이는 줄 안다

연애하는 남녀 – 결혼만 하면 깨가 쏟아질 줄 안다.

시어머니 – 아들이 결혼하고도 부인보다 엄마를 먼저 챙기
는 줄 안다.

장인, 장모 – 사위들은 처가집 재산에 관심 없는 줄 안다.

남자 – 못 생긴 여자는 꼬시기 쉬운 줄 안다.

여자 – 남자들이 같은 방향으로 걷게 되면 관심 있어 따라
오는 줄 안다.

부모– 자식들이 나이 들면 효도할 줄 안다.

육군 병장 – 자기가 세상에서 제일 높은 줄 안다.

아가씨 – 자기들은 절대 아줌마가 안될 줄 안다.

회사 사장 – 종업원들은 쪼면 다 열심히 일하는 줄 안다.

남편 – 살림하는 여자들은 집에서 노는 줄 안다.

아내 – 자기 남편은 젊고 예쁜 여자에 관심 없는 줄 안다.
남편이 회사에서 적당히 해도 안 짤리고 진급 되는
줄 안다.

꼬마 – 울고 떼쓰면 다 되는 줄 안다.

엄마 – 자기 자식은 머리는 좋은데 열심히 안해서 공부 못
하는 줄 안다.

대학생 – 철 다든 줄 안다. 대학만 졸업하면 앞날이 확 필줄
안다.

거지와신사

항상 같은 장소에서 구걸하던 거지가
어느 날 지나가던 신사에게 물었다.

"선생님은 재작년까지 내게 늘 만원씩 주시지 않았습니까?
그런데 작년부터 오천원으로 줄이더니
올해엔 또 천원으로 줄이셨습니다.
대체 이유가 뭡니까?"

"전에야 내가 총각이었으니 여유가 있었지요.
하지만 작년에 결혼을 했으니 오천원 주었고,
이제는 애까지 있으니 천원밖에 못드립니다."

그러자 거지가 어이없다는 표정으로 말했다.

.

.

.

"아니, 그럼 내 돈으로 당신 가족을 부양한단 말입니까?"

송사리의 소풍

송사리 5마리가 소풍을 갔다.

한참을 가다보니 송사리가 갑자기 6마리로 늘어난 것이다.

화가 난 송사리 5마리가 행렬에 끼어든 녀석을 보고 말했다.

"넌 뭐냐?"

그러자 끼어든 송사리가 말했다.

"전 꼽사리인데요."

공들의 이야기

축구공, 럭비공, 야구공이 서로 자기가 대장이 되겠다고 우겼
다.

축구공은

 "내가 제일 몸이 크니까 내가 당연히 대장이야"

이에 맞서 럭비공은

 "아니야, 내가 제일 특이하게 생겼으니 내가 대장이야"

그러자 가만있던 야구공이

.

.

.

 "야, 니들! 내 얼굴에 난 상처 안보여?"

넌 뭐니?

공주병에 걸린 그녀는
오늘도 거울 앞에 앉아 있다.

그런데 그녀 앞에 웬 똥파리가
날아가는 것이었다.

그녀가 물었다.

"어머! 넌 뭐니?"

그러자, 똥파리 왈...

    .

    .

    .

    .

"난 팅커벨이라고 해."

가는 말이 고와야

할머니와 할아버지가 가파른 경사를 오르고 있었다.
할머니 너무 힘이드신지 애교섞인 목소리로 할아버지에게

"영감~ 나좀 업어줘!"

할버지도 무지 힘들었지만 남자체면에 할 수 없이 업었다.

그런데 할머니 더 얄밉게

"무거워?" 하는게 아닌가!

그러자 할아버지 담담한 목소리로

"그럼~ 무겁지! 얼굴 철판이지, 머리 돌이지, 간은 부었지~
많이 무겁지"

그러다 할머니를 내려놓고 둘이 같이 걷다가

너무 지친 할아버지

"할멈~ 나두 좀 업어줘!"

기가 막힌 할머니 그래도 아까 업힌 빚이 있어
할 수 없이 할아버지를 업는다.

이때 할아버지 약올리는 목소리로

"그래도 생각보다 가볍지?"

할머니 찬찬히 자상한 목소리로 입가에 미소까지 띄우며

"그럼~ 가볍지~ 머리 비었지, 허파에 바람 들어갔지,
양심없지, 싸가지 없지~ 너~무 가볍지~~"

황금만능주의

딸이 결혼하기로 했다는 소리를 들은 아버지는
잠시 잠자코 있더니 말했다.

"그 사람 어디 돈은 좀 있나?" 하고 물었다.

"아니 어쩌면 남자들은 모두 그렇담."

하고 딸은 내뱉듯이 말했다.

"그게 무슨 소리냐" 하고 아버지가 물었다.

.

.

.

"있잖아요, 그 사람도 아버지에 관해 그 점을
궁금해 하더란 말이예요."

애견가의 아내

경찰서를 찾은 남자는 아내의 실종을 신고했다.
당직경찰관은 신고사항을 기록했다.

경찰 : "키가 얼마나 됩니까?"
남자 : "이만큼요."

경찰 : "체중은요?"
남자 : "보통 체중이지 싶어요."

경찰 : "눈의 색깔은요?"
남자 : "회색으로 합시다."

경찰 : "머리색깔은요?"
남자 : "모르겠어요. 바뀌니까요."

경찰 : "어떤 옷을 입고 있었습니까?"
남자 : "모자에 코트차림이었나봐요."

경찰 : "뭐 가지고 나갔나요?"

남자 : "개를 끌고 나갔습니다."

경찰 : "어떤 개지요?"

남자 : "족보 있는 흰색 독일 셰퍼드인데, 무게 38파운드,
　　　 키 여섯 뼘, 갈색목걸이의 등록번호는 45-12-C 입니
　　　 다."

여름이 기다려지는 이유

10대 : 친구들과 바닷가로 여행가서 멋진 여학생도 만나고..
　　　호호..

20대 : 여자친구와 바닷가로 여행가서 멋진 낭만을 즐기고..
　　　호호..

30대 : 아내와 바닷가로 여행가서 멋진 추억도 만들고..
　　　호호..

40대 : 마누라는 친목계에 여행보내고 혼자 늘어지게
　　　잠자는 것..

번호표 뽑아 오세요

한창 바쁜 유머은행 유머지점.

덥수룩한 얼굴을 한 40대 남성이 번호표를 뽑지 않고 바로
은행창구로 다가가서 "속도위반 벌금내러 왔어요" 라고 하자
은행창구 아가씨가 "번호표를 뽑아 오세요" 라고 말했다.

이 아저씨 "정말 번호표를 뽑아와야 해요?" 라고 한다.
아가씨가 "그럼요. 뽑아오셔야 돼요!" 하니까 이 아저씨 큰
소리로 외쳤다.
 "아이 씨~! 왜 번호판을 뽑아 오라고 하는거야!" 하고는 사
라졌다.

한참 후 은행직원들은 기겁을 했다.

이 아저씨 자기 차의 번호판을 내밀면서 말했다.
 "여기 있어요!"

설마와 혹시의 차이

어느 신축건물이 붕괴된 직후 경찰에서 관계자를 불러 심문했다.

경찰 : 건물이 무너질지도 모르는데 왜 사원들을 대피시키지 않았소?

관계자 : '설마' 무너지기야 할까 생각했지요.

경찰 : 그럼 중역들은 왜 대피시켰소?

관계자 : '혹시' 무너질지도 모르는 것 아닙니까?

며느리감

데리고 가는 여자마다 어머니가 퇴짜를 놓는 바람에
마흔이 다 되도록 장가를 못 간 복만이.

궁리 끝에 어머니를 닮은 처녀를 구해 달라고
중매쟁이에게 부탁했다.

중매쟁이는 천신만고 끝에 복만이 어머니와 생긴 모습, 말하
는 것, 옷 입는 것, 심지어 음식 솜씨까지 쏙 닮은 처녀를 찾
아냈다.

며칠 후, 부모님께 선을 보였다.

어머니는 두 말 없이 대만족.

그러나 아버지 왈 "난 결사 반대다!!"

혀짧은 바보

어느날 혀짧은 바보가 사는 집에 강도가 들었다.

강도 : 꼼짝마.....!

바보 : 덜 덜 덜......

강도 : "내가 낸 문제를 10초안에 맞추면 살려주지...
삼국시대의 나라 이름을 말해 봐라...!"

강도는 초를 재기 시작 했는데,
바보는 답을 몰랐다.

10초가 다 지나고 강도가 칼을 들이대자
바보가 말했다.

　　　　　　　　　　·
　　　　　　　　　　·

배째실라고그려 (백제,신라,고구려)

얼마요?

한 할머니가 돈을 찾으러 은행에 갔다.

통장에 있는 돈 전부를 찾아 달라고 하자

은행원은 할머니에게 지급 요청서를

작성해야 한다면서 요청서를 내 주었다.

잠시 뒤, 할머니가 쓴 지급 요청서를 본 은행원은

깜짝 놀라고 말았다.

지급 요청서에는 딱 두 글자가

적혀 있었다.

　"싹 다!"

건망증 환자

한 건망증 남자가 살고 있었다.
부인은 남편의 건망증이 너무 심하여 같이 병원에 가서 진찰
을 받았다.

남자 : 제가요, 건망증이 심해서 왔는데요.

의사 : 어느 정도로 심하시나요?

남자 : 뭐가요?

노부부의 건망증

노부부가 TV를 보다가 아내가 일어나려고 하자 남편이 말했
다.

"여보 냉장고에서 아이스크림하고 우유 좀 가져와. 까먹을
지 모르니까 적어 가"

그러자 아내가 "당신은 내가 치매라도 걸린 줄 알아요? 걱
정 말아요"

잠시 후 부인이 삶은 계란을 그릇에 담아 가지고 들어오자
남편이 말했다.

"왜 소금은 안 갖고 와. 그러게 내가 적어 가라고 했잖아"

건망증

20대 여성은 택시에 타자마자 전화를 걸거나 문자를 보내느라 바쁘고,

50대 아줌마는 타서부터 내릴 때까지 휴대전화 찾느라 뒤적거리기 바쁘다.

아내의 건망증

아침에 함께 차를 타고 출근하는 아내가 한참을 가다가 갑자기 소리를 질렀다.

"어머! 전기다리미를 안 *끄*고 나온 것 같아요!"
남편은 놀라서 차를 돌려 집으로 향했다.
집에 가보니 전기다리미는 꺼져 있었다.

다음날도 아내는 한참 차를 타고 가다가 "오늘도 전기다리미를 깜빡 잊고 *끄*지 않은 것 같아요!" 라고 말했다.

남편은 귀찮고 짜증이 났지만 불이 날까봐 겁이 나서 집으로 차를 돌렸다. 하지만 그날도 꺼져 있었다.

다음날, 차가 출발한 지 10분쯤 지나자 아내가 또 소리를 질렀다.

"다리미를 *끄고* 나왔는지 안 *끄고* 나왔는지 기억이 안 나
요!"

그러자 남편은 차를 도로변에 세우고 트렁크를 열고 말했다.

...

...

"여기 있다. 다리미!"

보고 할 사람

군대 훈련소에서 교관이 모형 수류탄을 던지며
"수류탄이다" 라고 소리쳤다.
훈련병들은 즉시 땅바닥에 엎드리며 몸을 피했다.

"너희들 중에는 동료를 위해 수류탄을 덮치는 희생정신이
있는 자가 한명도 없구나."

교관이 모형 수류탄을 다시 던졌다.
이번에는 모든 훈련병이 수류탄 위로 몸을 던졌는데, 한 명
만 멀뚱멀뚱 서 있는 것이다.

"넌 왜 거기 그대로 서 있는 거야?"

.

.

.

"한 사람은 살아서 보고해야 하잖아요?"

부부스피드퀴즈

제시어는 목포의 눈물

부인 : "여보! 당신이 노래방만 가면 부르는 거!.."

남편 : "도우미"

화장실 낙서

"신은 죽었다" – 니체

"니체 너 죽었다" – 신

"니네 둘 다 죽었다" – 청소아줌마

참새 이야기

할아버지 두 분이 비아그라 한 알을 놓고 다투다
그만 땅에 떨어뜨리고 말았다.

멀리서 이를 지켜보던 참새 한 마리가.
때는 이때라고 전광석화처럼 날아들어
그것을 냉큼 집어 삼켰다.
그리고 날개를 쭈~악 펴면서

.
.
.
.
.

독수리녀~연 니들 오늘 다 죽었어!!!

사람 말을 믿을 수가 있어야지

농촌에 시찰을 가던 국회의원들이 탄 버스가 빗길에 미끄러져 절벽 아래 논두렁으로 추락했다.
때마침 폭우를 걱정하던 농부가 논을 살피러 나왔다가 그 현장을 목격했다.
농부는 땅을 파고 국회의원들을 모두 정성껏 묻어주었다.

며칠 뒤 파출소장이 지나가다 부서진 버스를 보았다.
국회 소속의 버스임을 알고는 농부를 찾아가 어떻게 된 거냐고 물었다.
농부는 파출소장에게 국회의원을 전부 묻어 주었다고 대답했다.

파출소장 왈,
"아니, 그렇담 국회의원들이 전부 그 자리에서 즉사했다는 겁니까?"

"뭐, 몇 사람이 살아있다고 외쳤지만 그 사람들 말을 믿을 수가 있어야죠."

영어로

어린이 영어학원에 다니는 다섯 살짜리 사촌동생이
영어를 좀 배웠답시고 이런저런 문제를 낸다.

　"형, 삼각형이 영어로 뭔지 알아?"
　"아니, 그럼 넌 아니?"
　"트라이앵글! ㅎㅎㅎ"

나는 감탄사를 연발하며 칭찬해 주었다.
이번엔 내가 질문을 했다.

　"그럼 동그라미는 영어로 뭐~게?"

순간 당황한 기색을 보이더니
잠시 후 사촌동생의 대답...

　"탬버린"

독특한 식성

다른 개구리들은 파리를 잡아먹는데 오로지 벌만을 잡아먹는
개구리.
그 묘한 식습관을 이상하게 생각한 친구 개구리들이 물었다.

"너는 이렇게 맛있는 파리를 놔두고 왜 남들은 쳐다보지도
않는 벌만을 잡아먹냐?"

그러자 이 개구리 왈,

.

.

.

"톡, 쏘는 그 맛을 니들이 알아?"

환자의 걱정

한 환자가 병원에 갔다.
진료를 마치고 의사가 진료카드에 작은 글씨로 '소근암' 이
라고 적는 것을 본 환자는 자기가 암에 걸렸다는 사실에 충
격을 받으며 의사에게 물었다.

"선생님 제가 어떤 병에 걸린 거죠?"
의사가 대답했다.
"걱정하실 것 없습니다. 집에서 충분한 휴식을 취하시면 금
방 회복 하실 겁니다"

자신에게 거짓말을 하고 있다는 것을 눈치 챈 환자는 진지한
표정으로 다시 물었다.

"선생님, 괜찮습니다. 사실대로 얘기해 주세요. 소근암에
걸리면 얼마나 살 수 있죠?"

잠깐 동안의 침묵 후에 난감한 표정을 짓고 있던 의사가 이

렇게 대답했다

                    :
                    :

"소근암은... 제 이름입니다~!"

가슴이 작은 여자?

가슴이 아주 작은 여자가 있었다.
그녀가 샤워를 마치고 나와
브래지어를 하는 것을
옆에서 지켜보고 있던 남편이
그녀에게 말했다.

"가슴도 작은데 뭐하러 브래지어를 하냐?"
그러자 그녀가 남편에게 한마디 했다.

"내가 언제 너 팬티 입는 거 보고 뭐라고 하디!!!"

치사한 사람과 무서운 사람

엘리베이터를 타고 자기가 내릴 충수를 누르고,
누가 올까봐 잽싸게 닫기 버튼을 누르는 사람은
치사한 사람.

엘리베이터를 타고 먼저 닫기 버튼을 누르고,
여유있게 자기가 내릴 충수를 누르는 사람은
무서운 사람.

넌센스 유머

☺ 청바지를 땅에 심으면? – 심은진

☺ 어느 날 참기름과 라면이 싸웠는데 다음날 라면이 경찰에 잡혀갔다 왜? – 참기름이 고소해서

☺ 그 다음날 참기름이 잡혀갔다 왜? – 라면이 불어서

☺ PC방 카운터에 손님이 컵라면을 들고와서 하는말 – 뜨거운 물은 어디서 다운 받나요?

☺ '친구 여자에게서 그 남자의 향기를 느꼈다' 를 다섯 자로 줄이면? – 혹시 이년이?

☺ 뉴코아 백화점이 무너지지 않는 이유? – 리본으로 묶어서

☺ 거지가 가장 좋아하는 욕은? – 빌어먹을

☺ '남자들은 모두 도둑놈이다' 를 세자로 줄이면? – 경험담

☺ 만년 실업자의 소망은? – 근로소득세 내기

☺ 죽었다 깨어나도 못하는 일은? –죽었다 깨어나기

☺ 호주에서 쓰는 화폐는? – 호주머니

☺ 슈퍼맨이 팔짱을 끼는 이유는? – 주머니가 없어서

☺ 서울시민 모두가 소리를 지르면? – 천만에 말씀

☺ 길거리에서 목탁을 두드리면서 행인들에게 시주를 받는
스님을 무슨 중이라고 할까? – 영업중

☺ 개구리가 낙지를 먹으면 무엇이 될까? – 개구락지

☺ 비가 올 때 하는 욕은? – byc

골프장에서만 들을 수 있는
수상한 말들……

10위 : 사장님, 벗겨둘까요?

9위 : 올라가기 전에 몸 좀 풀고 올라가겠습니다.

8위 : 한 분씩만 올라가세요.

7위 : 아직 하시면 안 됩니다. 하라고 할 때까지 기다리세요.

6위 : 끝이 휘어 밖으로 나갔습니다.

5위 : 손으로 만지면 안 됩니다.

4위 : 몇 번 드릴까요?

3위 : 너무 짧아서 안 들어갔습니다.

2위 : 앞의 분 빼고 나서 넣으셔야죠.

1위 : 마지막 분이 좀 꽂아주세요.

숫자의 반란

숫자 4.5와 5가 있었다.

5보다 낮은 4.5는 항상 5를 형님이라 모시며 깍듯이 예의를

차렸다.

그러던 어느 날, 평소 그렇게 예의 바르던 4.5가 5에게 반말

을 하며 거들먹거렸다.

화가 난 5가 "너 죽을래? 어디서 감히!" 라며 화를 냈다.

그러나 4.5가 가만히 째려보면서 하는 말,

"까불지마!! 임마. 나 점 뺐어!!!"

대학 학과별 가장 듣기 싫은 말을
들었을때의 반응

법학과 : 내가 사시를 언제 보던 말던!!!

컴퓨터공학과 : 컴퓨터 고장나면 수리기사를 불러 좀!

호텔경영학과 : 우리집도 호텔인 줄 아니?

실용음악과 : 분위기 띄운다고 노래시키지 마라

경영학과 : 나 장사 안할거거덩?

심리학과 : 애인 얘기 좀 그만해, 심리테스트 안 배운 다
고!!!

국악과 : 우리는 노래방 가서 판소리 할 줄 알았냐?

수학과 : 간단한 곱셈정도는 너가 좀 해

사진학과 : 제발 단체사진에서 찍히고 싶다.

기계공학과 : 우리도 여자 있거덩?

영문학과 : 내가 무슨 영어사전이니?

치대 : 연예인 치아 교정한 거 가지고 왜 나한테 확인을 받
냐?

한의대 : 내가 허준이냐?

의대 : 수능점수 좀 그만 물어봐

체육학과 : 우리도 이론수업 한다니까?

건축디자인과 : 아파트 볼 때마다 뭐냐고 묻지 좀 마

의류디자인과 : 왜 나보러 옷을 만들어 달래?

실내인테리어학과 : 우리 집 와서 실망 좀 하지마.

시각디자인과 : 포토샵 좀 그만 물어봐라

성악과 : 우리는 노래방에서 가곡 안부르거덩?

천문학과 : 외계인 어디 있는지 물어보지 좀 마

식품영양학과 : 이 음식은 열량, 영양소 같은거 제발 묻지
좀 마

관광학과 : 내가 거길 가봐야 알지

ROTC : 아놔.. 가방 좀 열어보지 말라고.

철학과 : 남이사 뭘 해 쳐먹고 살던!

통계학과 : 로또 당첨번호를 알면 내가 여기서 이러고 있겠
니?

기타 학과 : 우리 과가 뭐하는데냐고 그만 물어봐...

신문방송학과 : 내가 매일 방송국쪽에만 가는줄 알아?

여성인력개발과 : 여자들도 남자들이 하는 일을 못한다는 편
견 좀 가지지 마

피아노과 : 너네 노래 부르고 싶다고 나한테 반주 해달라 하
지 마

남자는 절대 풀 수 없는 문제

남녀가 어느 토요일 데이트를 하고 있었습니다.
그런데 남자가 일요일은 저녁에 친척 병문안을 가야 해서 6
시까지 들어가야 된다고 여자한테 말했습니다.
그러니까 여자가 "난 내일 늦게까지 푹 자야겠다" 라고 했습
니다.
남자가 응 알았어. 라고 했다

다음날 일요일..
남자도 푹 자고 12시가 거의 다 되어서 일어났는데
12시 반 쯤 여자한테 문자가 왔습니다.
"아직 자?"
남자가 답문을 보냈습니다.
"아니 방금 일어났어.^^"

그런데 여자가 화가 났습니다. 왜 일까요????

호랑이와 사자이야기

호랑이하고 사자가 같이 고기를 구워먹다가
호랑이가 멍 때리자 그걸 본, 사자가 호랑이에게 한 말은?

.

.

.

타이거

찢어지게 슬픈 이야기

옛날에 찢어지게 가난한집이 있었는데
그집이.....ㅠㅠㅠㅠ

.

.

.

찢어졌어요.

못생긴게 죄라면

난 무기징역

노라조의 악플 대처법

노라조는 안티들에게조차 겸허하게 받아들이는 정신자세로 악플을 대처하고 있다. 노라조가 안티들의 악플에 대처한 내용이다.

안티 – "요즘 개나 소나 다 가수한다"

노라조 – "우리는 짐승입니다. 한 놈은 호랑이 띠고 한 놈은 백말 띠입니다."

안티 – "군대나 가라"

노라조 – "죄송합니다. 우리는 군대를 다녀오고야 말았습니다"

안티 – "쓰레기"

노라조 – "맞습니다. 저희는 쓰레기입니다. 회사 야유회 때

다른 회사 가수들은 카니발, 저희는 고속버스 타고
갔습니다. 1집 때는 사무실에서 쓰레기 취급 받다
가 지금은 집에도 데려다 주고 밥도 꼬박꼬박 먹습
니다”

안티 – “니들이 한류스타면 난 장동건이다”

노라조 – “맞습니다. 저희는 잔류스타입니다”

안티 – “립싱크 하냐”

노라조 – “우리끼리도 입을 못 맞춰 립싱크를 못합니다”

안티 – “너희같은 건 개그맨이나 하지 왜 가수를 하냐?”

노라조 – “그래서 시험봤는데 탈락했습니다.”

아빠와 아들의 차이

바닷가에 있는 리조트에 놀러온
한 꼬마가 엄마에게 물었다.

꼬마 : 엄마. 바다에서 수영을 해도 돼요?

엄마 : 물이 너무 깊어서 안돼!

꼬마는 엄마를 다시 졸랐다.
꼬마 : 하지만 아빠는 수영하고 있는데...

그러자 엄마가 이렇게 대답했다.
엄마 : 애야, 아빠는 생명보험에 들었단다.

너무 당황한 나머지

어느 한 가정집에 불이 났다.

놀란 아버지가 당황한 나머지,

“야야~!!! 119가 몇 번이야~!!!”

하고 소리치자, 옆에 있던 외삼촌이 소리쳤다.

“매형! 이럴 때 일수록 침착하세요!

114에 전화해서 물어봅시다!!”

애인자랑

어떤 남자가 친구에게 사귄지 얼마 안 된 애인 자랑을 침이
마르게 늘어놓았다.

남자 : 내 여자친구는 정말 끝내줘. 그녀는 말이야, 이 세상
    에서 가장 아름다운 포도같은 검푸른 눈을 가졌고, 피
    부는 복숭아 빛에 윤기가 흐르고 입술은 앵두 같은게
    어찌나 귀여운지... 정말 끝내주는 여자 같지 않냐?".

그러자 친구는 픽~! 하고 웃더니 한마디 했다.

"뭐냐? 과일 샐러드냐?"

경상도 여자

어느 날 서울 남자와 경상도 여자가 미팅을 해서 데이트를
하게 되었다. 그런데 갑자기 날씨가 추워졌고, 경상도 여자가
그나마 애교섞인 말투로 말했다.
 "춥지~예..."
 "안춥습니다."
의외의 대답에 경상도 여자는 약간 당황했고, 기가 막혀서
다시 한번 물었다.

 "마... 춥지예?"
 "안춥습니다."
경상도 여자는 화가 났지만 한 번만 더 말하면 옷이라도 벗
어줄지 모른다는 생각에 다시 한 번 물었다.

 "참말로 안춥습니꺼?!"
 "안.춥.습.니.다..."
남자의 대답에 더 이상은 참을 수 없었던 경상도 여자가 토
해내듯 말했다.

 "지랄한다~, 주디가 시이퍼렇구마는...!"

호랑이 새끼

호랑이 새끼 한 마리가 있었다. 그 호랑이는 자기가 호랑이
인지 다른 동물인지 궁금해서 엄마 호랑이에게 물었다.

"엄마, 나 호랑이 맞아??"
"그럼, 넌 진짜 무서운 호랑이지."

엄마의 대답을 들었지만, 그래도 호랑이 새끼는 의심스러웠
다. 그래서 할머니 호랑이에게 다시 물었다.

"할머니, 나 진짜 호랑이 맞아요?"
"그럼 그럼, 정말 멋진 호랑이지!"

그제야 호랑이 새끼는 자신이 정말 호랑이라는 것을 알고 의
기양양하게 숲길을 걸었다.
그때, 숲에서 나무꾼이 선녀의 옷을 갖고 냅다 뛰어 내려오고
있었다. 나뭇꾼이 어슬렁거리며 걸어오는 호랑이에게 하는 말,
"비켜, 개 새끼야!"

길동이의 기도

어느 마을에 아주 가난한 아이가 살았는데 그 아이 이름은 길동이였다. 너무 가난했던 길동이는 매일 신께 기도 드렸다.

"하나님! 복권에 당첨되게 해주세요!"
"하나님! 제발 복권에 한번만 당첨되게 해주세요!"
길동이는 밥도 먹지 않고 잠도 자지 않은 채 기도하고 또 기도했다. 그렇게 기도하기를 2개월째 .

그러나 폐인이 된 길동이는 복권에 당첨되지 않았다.
길동이는 너무나 치쳐서 하나님께 원망하듯 마지막 기도를 했다.
"하나님, 복권 당첨되게 해주세요... ㅠ.ㅠ 이렇게까지 기도하는데... 부디...ㅠ.ㅠ"
그러자 보다 못한 하나님이 내려와 길동이에게 말하길

.

.

"길동아~ 일단 복권을 사란 말이다~~~!!!"

아버지와 아들

아버지 : "너 이게 성적이냐?! 좀 맞아야겠다!!"

아들 : "아버지 봐 주세여. 그래도 학생 본분에 벗어나는 짓
　　　은 안하잖아요 ㅠㅠ"

아버지 : "음... 딱 한번만 봐주겠다"

아들 : "감사합니다."

TV뉴스 "시중에 200원짜리 담배가 나왔습니다!"

아들과아버지 : "와~~ 와~"

그날 아들은 맞아 죽을 뻔 했습니다...